基于Python实现的遗传算法

应用遗传算法解决现实世界的深度学习和人工智能问题

[美] 伊亚尔 · 沃桑斯基 (Eyal Wirsansky) 著

吴虎胜 朱利 江川 吕龙 译

清华大学出版社

北京

内容简介

遗传算法是受自然进化启发的搜索、优化和学习算法家族中的一员。通过模拟进化过程，遗传算法较传统搜索算法具有更多优势，可为各种问题提供高质量的解决方案。通过本书，读者可以基于 Python 掌握行之有效的将遗传算法应用于各项任务的方法。同时，本书也涵盖了人工智能领域的最新进展。

本书旨在帮助软件开发人员、数据科学家和人工智能爱好者利用遗传算法解决工程应用中的搜索、优化和学习等问题，提升现有智能应用程序的性能和准确性。

图书在版编目(CIP)数据

基于 Python 实现的遗传算法：应用遗传算法解决现实世界的深度学习和人工智能问题/(美)伊亚尔·沃桑斯基(Eyal Wirsansky)著；吴虎胜等译. —北京：清华大学出版社，2023.1(2024.10重印)
(中外学者论 AI)
书名原文：Hands-On Genetic Algorithms with Python
ISBN 978-7-302-61160-8

Ⅰ. ①基… Ⅱ. ①伊… ②吴… Ⅲ. ①软件工具－程序设计－应用－遗传－算法 Ⅳ. ①TP18

中国版本图书馆 CIP 数据核字(2022)第 110341 号

责任编辑：王 芳 李 晔
封面设计：刘 键
责任校对：韩天竹
责任印制：刘 菲

出版发行：清华大学出版社
网 址：https://www.tup.com.cn，https://www.wqxuetang.com
地 址：北京清华大学学研大厦 A 座 **邮 编**：100084
社 总 机：010-83470000 **邮 购**：010-62786544
投稿与读者服务：010-62776969，c-service@tup.tsinghua.edu.cn
质量反馈：010-62772015，zhiliang@tup.tsinghua.edu.cn
课件下载：https://www.tup.com.cn，010-83470236
印 装 者：小森印刷霸州有限公司
经 销：全国新华书店
开 本：186mm×240mm **印 张**：13.75 **字 数**：312 千字
版 次：2023 年 2 月第 1 版 **印 次**：2024 年10月第 4 次印刷
印 数：2501～3000
定 价：79.00 元

产品编号：089900-01

前言

PREFACE

受查尔斯·达尔文的自然进化论的启发，遗传算法被例证为是解决搜索、优化和学习问题的最引人关注的算法之一，特别是当传统算法无法在合理的时间范围内提供足够好的结果时。

本书将带您踏上掌握这一极其强大但简便的方法的旅程，并将其应用到各种各样的任务中，最终通向人工智能应用。

通过本书可以了解多种遗传算法的工作原理及应用。此外，本书还结合当前流行的Python编程语言，提供遗传算法在各个领域的应用实践。

本书读者对象

本书旨在帮助软件开发人员、数据科学家和人工智能爱好者利用遗传算法解决其工程应用中相关学习、搜索和优化问题，以及提升现有智能应用程序的性能和准确性。

本书同样适用于每一个承担着实际工程任务的人，用于解决传统算法难以处理的，或无法在限定时间内提供高质量结果的难题。本书展示了遗传算法如何作为一种强大而简便的方法来解决各种复杂问题。

本书包含内容

第1章介绍了遗传算法及其基本理论和基本工作原理，探索遗传算法与传统方法之间的差异，并了解一些遗传算法的最佳应用场景。

第2章理解遗传算法的关键要素，深入研究了遗传算法的关键组成部分和实现细节。在概述了基本的遗传算法流程之后，您将了解它们的不同要素以及每个要素的各种实现。

第3章介绍强大而灵活的进化计算框架DEAP，它能够用遗传算法解决现实生活中的问题。通过编写Python程序解决OneMax问题(即遗传算法领域的“Hello World”问题)，了解如何使用DEAP框架。

第4章介绍了组合优化问题，如背包问题、旅行商问题和车辆路径问题，以及如何使用遗传算法和DEAP框架编写Python程序来解决这些问题。

第5章介绍了约束满足问题，如*N*-皇后问题、护士排班问题、图着色问题。同时阐述如何使用遗传算法和DEAP框架编写Python程序解决这些问题。

第6章介绍了连续优化问题以及如何用遗传算法解决这些问题。本章使用的示例包括Eggholder函数、Himmelblau函数和Simionescu函数的优化，同时探讨小生境、共享和约束处理的概念。

第 7 章运用特征选择改善机器学习模型，主要讨论有监督机器学习模型，并解释如何使用遗传算法从所提供的输入数据中选择最佳特征子集来提高这些模型的性能。

第 8 章为机器学习模型的超参数优化。解释了遗传算法如何通过调整模型的超参数来提高有监督机器学习模型的性能，可以采用基于遗传算法的网格搜索方法，也可以直接采用遗传搜索。

第 9 章是深度学习网络的结构优化，重点研究人工神经网络，并探索遗传算法如何通过优化神经网络模型的网络架构来提高其性能，以及如何将网络体系结构优化与超参数调整结合起来。

第 10 章为基于遗传算法的强化学习，并解释了遗传算法如何应用于强化学习任务，同时使用 OpenAI Gym 工具包解决了 MountainCar 和 CartPole 两个基准环境。

第 11 章为遗传图像重建。通过遗传算法，使用一组半透明的多边形对一幅名画进行重建实验。在此过程中，可以了解有关图像处理和相关 Python 库的实用经验。

第 12 章为其他进化和生物启发计算方法。旨在开阔视野，介绍其他启发于生物智能的问题解决方法，并基于 DEAP 的 Python 程序对其中两种方法（遗传编程和粒子群优化）进行演示。

如何充分学习本书

为了充分掌握本书，应具备一定的 Python 语言编程基础以及数学和计算机科学的基础知识。因为本书已经涵盖了机器学习必要概念的简单介绍，对这些基本概念有一定的了解将有助于理解本书。

要运行本书附带的编程示例，建议安装 Python 3.7 版本或更高版本。书中提到的一些 Python 模块包，推荐使用 PyCharm 或 Visual Studio Code 等 Python 集成开发环境。

资源分享

本书提供了全部示例代码文件，读者可以扫描二维码获取。

示例代码

惯例

本书中使用了许多文本惯例。

CodeInText：表示文本中的代码段、数据库表名、文件夹名、文件名、文件扩展名、路径名、虚拟 URL、用户输入的字符和 Twitter 账户等。下面是一个例子：用类的__init__()方法来创建数据集。

代码设置如下：

```
self.X,self.y = datasets.make_friedman1(n_samples = self.numSamples,
                                        n_features = self.numFeatures,
                                        noise = self.NOISE,
                                        random_state = self.randomSeed)
```

当提醒注意代码块的特定部分时，相关行或项目将设置为粗体：

```
self.regressor = GradientBoostingRegressor (random_state =
                                            self.randomSeed)
```

命令行的输入或输出写成如下样式：

```
pip install deap
```

粗体：表示一个新的术语、一个重要的单词或屏幕上显示的单词。例如，菜单或对话框中的单词(从管理面板中选择系统信息)。

评论

请留下评论，不吝赐教。如果您阅读和使用了本书，请在购买它的网站上留下评论，以便其他潜在的读者可以看到并基于您反馈的客观观点做出购买决定，同时也帮助我们了解您对产品的看法，本书的作者也可以获知您的反馈。非常感谢您！

目录
CONTENTS

第1部分　遗传算法基础

第2部分　使用遗传算法解决问题

第1部分　遗传算法基础

本部分重点介绍遗传算法的基本概念和应用，主要包括以下几章：

- 第1章，遗传算法简介；
- 第2章，理解遗传算法的关键要素。

第1章

遗传算法简介

受查尔斯·达尔文的自然进化论的启发，**进化计算**的算法示例是当前最引人注目的解决问题的方法之一。在该算法示例中，**遗传算法**是最突出和应用最广泛的分支。本章是掌握这一极其强大而简便的技巧之旅的开始。

本章将介绍遗传算法和达尔文进化论，深入探讨它们的基本工作原理和基本理论。同时讨论遗传算法与传统算法的区别，并介绍遗传算法的优点、局限性以及用途。最后，将举例说明遗传算法的适用范围。

本章主要涉及以下主题：

- 遗传算法的概念；
- 遗传算法的理论基础；
- 遗传算法与传统算法的差异；
- 遗传算法的优缺点；
- 遗传算法的适用场景。

1.1 遗传算法的概念

遗传算法是受自然界进化原理启发而得到的一种搜索算法。通过模拟自然选择和繁殖过程，遗传算法可以为涉及搜索、优化和学习的各种问题产生高质量的解。同时，通过与自然进化的类比，遗传算法能够克服传统搜索和优化算法所遇到的一些障碍，特别是能够解决具有大量参数和复杂数学表示的问题。

1.1.1 达尔文进化论

遗传算法是对自然界中达尔文进化论的简化实现版本。达尔文进化论的原理可以用以下原则来概括。

(1) **变异**原则：因为属于一个种群的个体样本的特征（属性）可能会有所不同，所以，这些样本在某种程度上也会有所不同；例如，它们的行为或外观。

(2) **遗传**原则：因为有些性状是从样本遗传给后代的，所以，后代更像父母，而非不相关的其他样本。

（3）**选择**原则：种群通常在其特定的环境中为资源而竞争。具有更好地适应环境特性的样本将更有可能成功地存活下来，同时也将繁衍更多的后代。

换言之，进化维持着个体样本互不相同的群体，这些样本彼此不同。那些具有更强环境适应性的个体具有更大的机会生存和繁殖，并将其特征传给下一代。如此，一代代繁衍使得物种适应性更强，更能适应其生存环境，更能应对所面临的各种挑战。

进化的一个重要促成因素是交叉或重组，即后代是由父母的特征混合而成的。交叉有助于保持种群的多样性，并随着时间的推移将更好的特性结合在一起。此外，**变异**——特性的随机变异——可以通过引入变化（如此导致每隔一段时间就会有一次飞跃）而在进化中发挥作用。

1.1.2 遗传算法分析

遗传算法寻找给定问题的最优解。达尔文进化论维持着一个由个体样本组成的种群，而遗传算法维持着一个由给定问题候选解所组成的种群，这里将候选解称为个体。这些候选解经过迭代评估，用于生成新一代的解。那些善于解决这个问题的个体有更大的概率被选中，并将其特性传递给下一代候选解。如此，逐次迭代，候选解就会在解决问题中表现得更好。

接下来介绍遗传算法的各个组成要素，这些要素可与达尔文进化论形成类比。

1. 基因

在自然界中，育种、繁殖和变异都是通过基因型实现的，基因型是一组基因组成的染色体的集合。如果两个样本繁殖产生后代，后代的每个染色体都会携带来自双亲的混合基因。模仿这个概念，在遗传算法中，每个个体都由代表一组基因的染色体来表示。例如，染色体可以用二进制字符串表示，其中字符串的每一位即代表一个基因。图1-1为一个二进制编码染色体示例，代表一个特定个体。

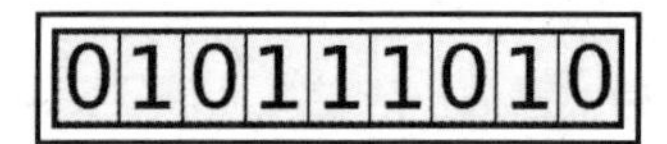

图1-1 简单的二进制编码染色体

2. 种群

任何时间，遗传算法都会维持一个由个体组成的种群——一个解决当前问题的候选解组成的集合。由于每个个体都由一个染色体表示，所以这个种群可以看作这些染色体的集合，如图1-2所示。

种群不断地表征着当前的一代个体，并随着新旧交替和时间的推移而进化演变。

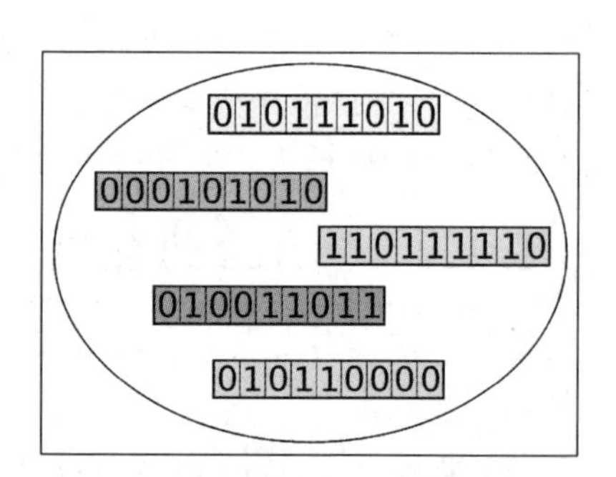

图1-2 由二进制编码染色体所组成的种群

3. 适应度函数

在算法的每次迭代中，使用适应度函数（也称为目标函数）对个体进行评估，这就是寻求的优化函数或者试图解决的问题。

具有更好适应度值的个体代表更好的解，就更有可能被选择繁殖后代，并在下一代中得到表达。随着时间的推移，解的质量会提高，适应度值也会增加，一旦找到一个具有令人满意的适应度值的解，该过程就可以停止了。

4. 选择

在计算了种群中每一个个体的适应度值之后，一个选择过程被用来确定种群中的哪些个体将能够繁殖并产生后代，从而形成下一代种群。

这个选择过程是基于个体的适应度值。那些适应度值较高的个体更有可能被选中并将它们的遗传信息传给下一代个体。

适应度值较低的个体仍然可以被选择，但概率较低。如此，它们的遗传信息就不会被完全排除在外。

5. 交叉

为了创造一对新个体，通常从当前世代中选择双亲，通过它们的染色体上部分基因位互换（交叉）以产生两个代表后代的新染色体。这种操作称为交叉或重组。图 1-3 演示了一个简单的交叉操作，即由双亲创建两个后代。

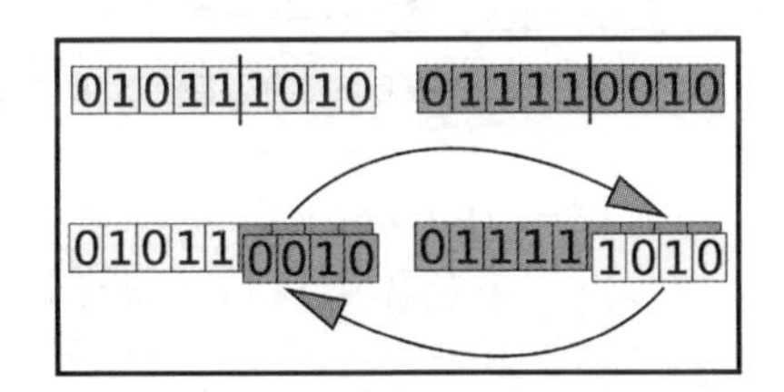

图 1-3 两个二进制编码染色体之间的交叉操作

（来源：https://commons.wikimedia.org/wiki/File:Computational.science.Genetic.algorithm.Crossover.One.Point.svg.
图像由 Yearofthedragon 根据知识共享 CC BY-SA 3.0 授权：https://creativecommons.org/licenses/by-sa/3.0/deed.en）

6. 变异

变异算子旨在周期性地随机更新种群，将新的模式引入染色体，并鼓励在解空间的未知区域进行搜索。

变异可能表现为基因的随机变化。变异算子通过对一个或多个染色体基因的随机更改实现，例如，在二进制字符串中反转一位。图 1-4 为一个变异算子示例。

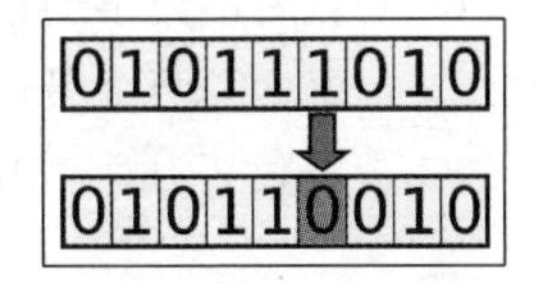

图 1-4 变异算子应用于二进制编码染色体

1.2 遗传算法背后的理论

遗传算法背后的**积木块假设（building-block hypothesis）**理论，是指当前问题的最优解是由小的积木块组合而成的，当我们把更多这样的积木块组合在一起时，将更接近最优解。

种群中包含所需积木块的个体通过对它们的评价进行识别。反复的选择和交叉操作使更好的个体将这些积木块传递给下一代，同时可能将它们与其他所需的积木块结合起来。

这就产生了遗传压力，从而引导种群中出现越来越多的带有最优解积木块的个体。

因此，每一代都比前一代更好，并且包含更多更接近最优解的个体。

例如，如果有一个 4 位二进制字符串的种群，想要找到一个具有最大可能位数和的字符串，那么出现在 4 个字符串位置的数字 1 将是一个很好的积木块。随着算法的运行，它将识别具有这些积木块的解，并将它们组合在一起。每一代都会有更多的在不同的位置是 1 的个体，最终产生字符串 1111，该字符串组合了所有期望的积木块。

如图 1-5 所示，当交叉操作将双亲所需的积木块组合在一起时，两个解决此问题的良好解(每个都有 3 个 1 值)如何创建一个具有最优解的后代(4 个 1 值，即右侧的后代)。

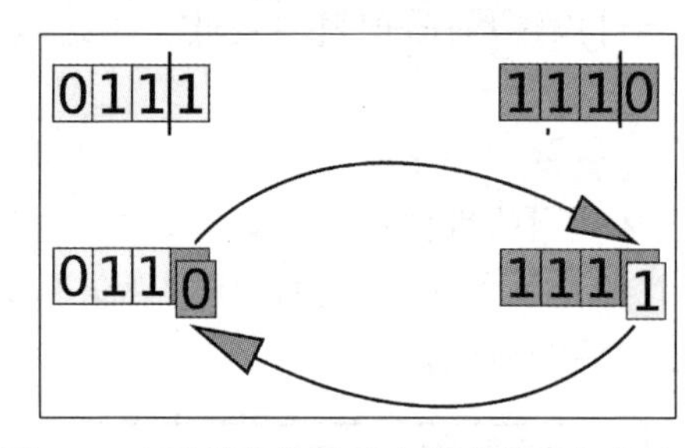

图 1-5 交叉操作构造积木块的最优解的演示

积木块假设的一种形式化的表达是 **Holland** 模式定理，该定理也称为遗传算法的基本定理。定理中所提到的模式是指可以在染色体中找到的式样(或样板)，且每个模式代表它们的染色体子集具有一定的相似性。

例如，如果一组染色体由 4 位二进制串表示，模式 1*01 表示所有在最左边位置为 1、在最右边两个位置为 01、在左边第二个位置为 1 或 0 的所有染色体，* 代表一个通配符值。

对于每个模式，可以指定两个度量指标。

(1) 阶：固定数字的位数(非通配符)。

(2) 定义距：两个最远固定数字之间的距离。

表 1-1 提供了几个 4 位二进制模式及其度量指标的示例。

表 1-1 4 位二进制模式及其度量指标

模　式	阶	定义距
1101	4	3
1*01	3	3
*101	3	2
*1*1	2	2
**01	2	1
1***	1	0
****	0	0

种群中的每个染色体都可以通过给定字符串匹配正则表达式这一方法来与多种模式相匹配。例如，染色体 1101 符合出现在该表中的每一个模式，因为它匹配它们所表示的每一种模式。如果这个染色体的分数更高，那么它以及它所代表的所有模式就更有可能在选择操作中存活下来。当这条染色体与另一条染色体交叉，或者当它发生变异时，一些模式会存活下来，而另一些模式则会消失。可以看出，低阶和短定义距的模式存活的可能性更高。

因此，模式定理指出：具有高适应度值、低阶、短定义矩的模式的数量会在后续种群的进化中呈指数形式增长。换言之，随着遗传算法的运行，代表使解更好、更小、更简单的积木块将越来越多地出现在种群中。下一节将讨论遗传算法和传统算法之间的区别。

1.3　与传统算法的区别

遗传算法与传统的搜索和优化算法（如基于梯度的算法）有几个重要的区别。

遗传算法区别于传统算法的关键特征包括维持解集的种群、使用基因编码、利用适应度函数的结果、表现出概率行为等。

1.3.1　种群基础

遗传算法的搜索是在一组候选解（个体）而不是单个候选解的基础上进行的。在搜索的时候，算法会保留一组个体构成当前一代。遗传算法的每一次迭代都会产生下一代个体。

相比之下，大多数其他搜索算法保持一个单一的解，并进行迭代修改以寻找最优解。例如，梯度下降算法迭代地将当前解移向最陡下降方向，该方向由给定函数梯度的负值来定义。

1.3.2　基因编码

遗传算法不是直接对候选解进行操作，而是对它们的描述（或编码）进行操作，通常称为染色体。一个简单的染色体即是一个固定长度的二进制字符串。

染色体方便进行交叉、变异等遗传操作。交叉是通过交换双亲之间的染色体部分基因位编码来实现的，而变异是通过修改染色体部分基因位编码来实现的。

使用基因编码的一个副作用是将搜索与原始问题域分离，导致遗传算法不知道染色体代表什么，也不试图解释它们。

1.3.3　适应度函数

适应度函数代表了我们想要解决的问题。遗传算法的目标是在计算该函数时找出得分最高的最优个体。

与许多传统的搜索算法不同，遗传算法只考虑适应度函数得到的值，不依赖导数或任何其他信息。这使得遗传算法适合处理难以或不可能在数学上区分的函数。

1.3.4 概率行为

与许多传统算法本质上的确定性不同，遗传算法用于从一代进化到下一代的规则是概率性的。例如，当选择将用于创建下一代的个体时，给定个体的选择概率随着个体的适应度值的增加而增加，但在做出选择时也仍然存在随机因素。因此，得分较低的个体也可以被选中，尽管概率较低。

变异算子也是概率驱动的，通常发生的可能性很低，并且在染色体中的位置随机发生变化。

交叉算子也存在一定概率元素。在遗传算法的某些变体中，交叉只会以一定的概率发生。如果没有发生交叉，双亲就都会毫无变化地复制到下一代。

尽管这些过程具有概率性，但基于遗传算法的搜索不是随机的；相反，它使用随机特性将搜索指向到搜索空间中有更好机会改善结果的解域。接下来，让我们看看遗传算法的优点。

1.4 遗传算法的优点

前述遗传算法特性展示了其相较传统搜索算法的一些优势，主要有以下几点。

(1) 全局优化能力。

(2) 处理数学描述复杂的问题。

(3) 处理缺少数学模型的问题。

(4) 抗噪声能力。

(5) 支持并行和分布式处理。

(6) 持续学习的适应性。

1.4.1 全局优化

在许多情况下，优化问题都有局部的极大值和极小值点；通常，它们代表的解虽然比其周围的解更好，但并不是全局的最佳方案。图 1-6 说明了函数的全局和局部的极大值和极小值之间的差异。

大多数传统的搜索和优化算法，特别是那些基于梯度的算法，很容易陷入局部极大值，而不是寻找全局极大值。这是因为，在局部极大值附近，任何微小的变化都会降低适应度值。

遗传算法对这种现象不太敏感，更容易找到全局极大值。这是由于其使用了一组候选解而不是单个候选解，而且在许多情况下，交叉和变异算子将导致候选解与之前的解相去甚远。要达成这一点，只需要设法保持种群的多样性，避免过早收敛。

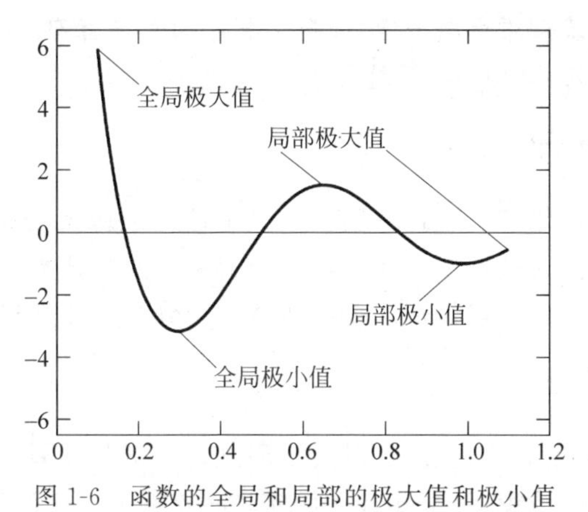

图 1-6 函数的全局和局部的极大值和极小值

(来源 https://commons.wikimedia.org/wiki/File: Computational.science.Genetic.algorithm.Crossover.One.Point.svg. 图像由 KSmrq 根据知识共享 CC BY-SA 3.0 授权: https://creative commons.org/licenses/by-sa/3.0/)

1.4.2 处理复杂问题

由于遗传算法只需要每个个体的适应度函数值，而不关心适应度函数的其他方面（如导数），因此它们可以用于处理数学模型复杂以及不可导函数相关问题。

遗传算法擅长的其他复杂情况包括具有大量参数的问题和混合参数类型的问题，如连续和离散参数的混合。

1.4.3 处理缺少数学模型的问题

遗传算法可以用来解决完全缺少数学模型表示的问题，其中一个特别令人感兴趣的例子是基于人类意见的评分。例如，想象一下，如果想找到一个网站上最吸引人的调色方案，应该怎么办？可以尝试不同的颜色组合，并要求用户评价网站的吸引力。应用遗传算法寻找最佳的评分组合，同时将这种基于意见的评分作为适应度函数的结果。尽管适应度函数没有任何数学模型，也没有办法直接从给定的颜色组合计算得分，但是遗传算法仍将照常运行。

只要有方法对两个个体进行比较并确定其中哪一个更好，遗传算法甚至可以处理无法获得每个个体的分数的情况。例如，在模拟比赛中驾驶汽车的机器学习算法，基于遗传算法的搜索可以通过让不同版本的机器学习算法相互竞争以确定哪个版本更好，从而优化和调整机器学习算法。

1.4.4 抗噪声能力

有些问题表现为噪声行为。这意味着，即使对于相似的输入参数值，每次测量的输出值也可能有所不同。例如，当从传感器输出读取数据时，或者像前面所说的评分是在基于人的意见的情况下，都可能会发生这种情况。

噪声行为使许多传统搜索算法失效，而遗传算法通常是有弹性的，这得益于对个体进行重组和重新评估的重复操作。

1.4.5 并行处理

遗传算法有利于并行化和分布式处理。每个个体的适应度是独立计算的，这意味着种群中的所有个体都可以同时被评估。此外，选择、交叉和变异算子可以同时对种群中的个体和成对个体进行操作。这使得遗传算法天然地适用于分布式计算和云计算。

1.4.6 持续学习

在自然界，进化从来没有停止过，种群会不断地适应环境条件的变化。同样，遗传算法可以在不断变化的环境中持续运行，并且在任何时间点都可以获得和使用当前的最优解。

为使之有效，环境变化相对于遗传算法迭代搜索速率应当较为缓慢。

1.5 遗传算法的局限性

为了充分利用遗传算法，需要意识到其局限性和潜在的缺陷。遗传算法的局限性如下：

(1) 特殊定义。

(2) 超参数优化。

(3) 计算密集型操作。

(4) 过早收敛风险。

(5) 无绝对最优解。

下面对上述方面进行具体介绍。

1.5.1 特殊定义

当把遗传算法应用到一个给定的问题时，需要为它们设定恰当的表达——定义适应度函数和染色体结构，以及解决这个问题的选择、交叉和变异算子。这些工作通常都是极具挑战且耗时的。

幸运的是，遗传算法已经被应用到无数不同类型的问题中，其中许多定义已经被标准化。本书涵盖了许多现实生活问题和使用遗传算法解决它们的方法，当你遇到新问题时，可以用来作为参考。

1.5.2 超参数优化

遗传算法的行为是由一组超参数控制的，如种群规模和变异率。将遗传算法应用于实际问题时，这些参数的选择没有确切的规则。

然而，几乎所有的搜索和优化算法都是如此。仔细阅读本书中的示例并进行一些自己的实验之后，你将能够对这些超参数的值做出明智的选择。

1.5.3 计算密集型操作

对大规模种群的操作和遗传算法的重复性是计算密集型的，而且在得到好的结果之前会耗费大量的时间。

选择好的超参数、实现并行处理以及在某些情况下缓存中间结果，可以缓解这些问题。

1.5.4 过早收敛

如果一个个体的适应度远远高于种群中其他个体，那么它可能会不断复制直至足以接管整个种群。这将会导致遗传算法过早地陷入局部极大值，而不是寻找全局极大值。

为了防止这种情况的发生，保持种群的多样性是非常重要的。第2章将讨论保持种群多样性的各种方法。

1.5.5 无绝对最优解

使用遗传算法并不能保证找到当前问题的全局极大值，但这几乎是任何搜索和优化算法都面临的问题，除非它是一个特定类型问题的解析解。

一般来说，恰当地使用遗传算法可以在合理的时间内得到问题的良好解决方案。下面介绍遗传算法的几个适用场景。

1.6 遗传算法的适用情形

基于前述内容，遗传算法最适合解决以下类型的问题。

(1) **具有复杂数学描述的问题**：由于遗传算法只需要适应度函数的结果，因此它们可以用于目标函数难以区分或无法区分的问题、具有大量参数的问题以及混合参数类型的问题。

(2) **无数学描述的问题**：遗传算法不需要问题的数学描述，只要能得到一个得分值或有一种方法来比较两个解。

(3) **涉及噪声环境的问题**：遗传算法对数据可能不一致的问题具有弹性，例如来自传感器输出或来自人工评分的数据。

(4) **涉及随时间变化的环境的问题**：遗传算法可以通过不断生成适应环境的新一代种群来回应环境的缓慢变化。

另外，当一个问题有一个已知和专门的解决方法时，使用现有的传统或分析方法可能是一个更有效的选择。

小结

本章首先介绍了遗传算法，它们与达尔文进化的类比，以及它们的基本操作原理，包括种群、基因型、适应度函数以及选择、交叉和变异算子。

然后，通过积木块假设和模式定理介绍了遗传算法的理论基础，并说明了遗传算法是如何通过将优秀的小积木块组合起来创建最优解的。

接下来讨论了遗传算法与传统算法的区别，例如保持解的种群和使用解的遗传表示。

随后继续介绍遗传算法的优点，包括其全局优化能力、处理复杂数学模型或不存在数学模型表示问题的能力和抗噪声能力。紧接着是它的弱点，包括需要特殊定义、超参数优化以及过早收敛的风险。

最后回顾了遗传算法适用情形，例如数学描述复杂的问题和在有噪声或不断变化的环境中的优化任务。

第2章将更深入地研究遗传算法的关键部分和实现细节，为后面的章节做准备。

拓展阅读

Kapoor A. Hands-On Artificial Intelligence for IoT[M]. USA：Packt Publishing，2019.

第2章

理解遗传算法的关键要素

本章将深入了解遗传算法的关键要素和实现细节，为接下来的章节做准备。后续章节中将利用遗传算法求解不同类型的问题。

首先概述遗传算法的基本流程，然后将其分解成不同的要素，同时演示选择算子、交叉算子和变异算子的不同实现方式；其次，对实数编码的遗传算法进行研究，该算法更适合针对连续参数空间的搜索优化；接着，对遗传算法中的精英保留、小生境和共享等策略进行研究；最后，简述遗传算法解决问题的应用方法。

本章主要涉及以下主题：

- 熟悉遗传算法的关键要素；
- 理解遗传算法流程；
- 理解遗传算子并熟悉它们的一些变体；
- 了解各种迭代停止条件；
- 理解为解决实数优化问题而需要修改基本遗传算法的哪些部分；
- 了解精英保留策略；
- 了解小生境和共享的概念和实现；
- 知道解决一个新的问题时需进行的设置。

2.1 遗传算法的基本流程

遗传算法的基本流程如图2-1所示。

下面将对遗传算法的各个阶段进行详细介绍。

2.1.1 创建初始种群

初始种群是随机选择的一组可用的候选解(个体)。遗传算法使用染色体来代表每个个体，因此初始种群实际上是一组染色体的集合。为了更好地解决实际问题，这些染色体应该符合一定的格式(例如，一定长度的二进制字符串)。

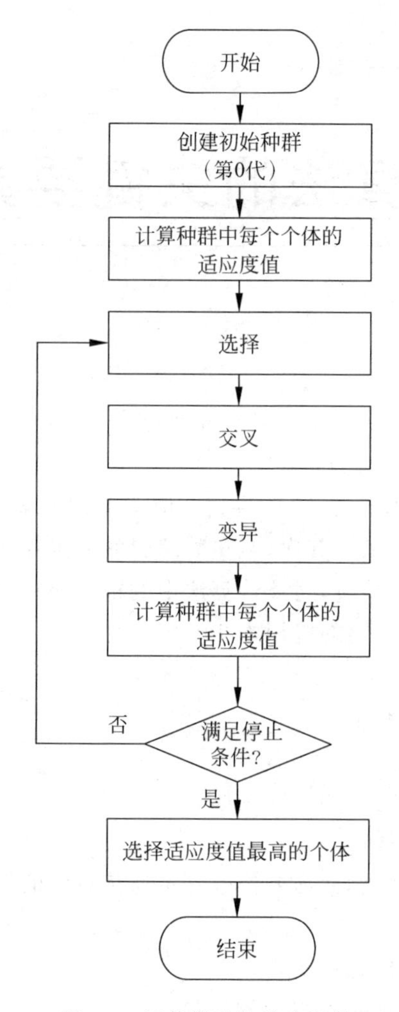

图 2-1 遗传算法的基本流程

2.1.2 计算适应度值

对于每个个体，都要计算它的适应度函数值。首先计算初始种群中每个个体的适应度函数值，然后对每一次经过了选择、交叉和变异算子后的新一代种群个体都进行计算。由于每个个体的适应度独立于其他个体，因此计算过程可以并行执行。

在适应度计算之后的选择阶段，通常认为适应度值较高的个体是更好的解，遗传算法自然倾向于寻找适应度函数的极大值。但如果需要解决一个极小值问题，适应度值计算应该将其值取反，例如，可通过将其乘以一个值(−1)来实现。

2.1.3　应用选择、交叉和变异算子

将选择、交叉和变异算子应用到种群中，会产生新代种群，这个新代种群是以比当代更好的个体为基础的。

选择算子主要是从当代种群中选择个体，以使更好的个体在种群更新迭代中获得优势。

交叉(或重组)算子主要是从被选择的个体中产生后代。通常是一次取两个被选中的个体，交换它们染色体的一部分基因位，从而创造出两个新染色体，用它们表示新一代的个体。

变异算子可以随机地对每个新创造个体的一个或多个染色体值(基因位值)进行改变。变异发生的概率通常很低。

2.1.4　迭代停止的条件

可依据多个条件确定算法迭代进程是否可以停止，最常用的两个迭代停止条件如下：

(1) 已达到最大迭代次数。这也可以用来限制算法所消耗的运行时间和计算资源。

(2) 算法适应度值在过去的几次迭代中没有明显的改善。这可以通过存储每一代获得的最佳适应度值，并将当前的最佳值与预定义迭代次数之前获得的最佳值进行比较来实现。如果差值小于某一阈值，则算法可以停止。

其他迭代停止条件还包括：

(1) 计算时间达到预设时间。

(2) 成本/预算消耗至限值，例如 CPU 时间和/或内存。

(3) 最优解在种群中的比例已经超过预设阈值。

综上所述，遗传算法流程从随机生成的候选解(个体)开始，根据适应度函数值对其进行评估。流程的核心是一个循环迭代，在这个循环中，选择、交叉和变异算子被相继应用，然后对个体进行重新评估。循环继续，直到满足迭代停止条件，在此条件下选择现有种群中的最优个体作为问题的解。

2.2　选择算子

选择是在遗传算法流程的每个周期开始时使用的，是从当前种群中选择个体，这些个体将作为下一代个体的父代。选择是基于一定概率的，个体被选中的概率与其适应度值相关联，这在某种程度上给具有较高适应度值的个体带来了优势。

下面重点介绍一些常用的选择算子及其特点。

2.2.1　轮盘赌选择

轮盘赌选择也称为**适应度比例选择(Fitness Proportionate Selection，FPS)**，在这种方法中，个体被选择的概率与其适应度值成正比。这相当于在赌场中使用轮盘赌，并为每个个体分配与其适应度值大小成比例的轮盘。当轮子转动时，每一个个体被选中的概率与它所占

据的轮盘部分的大小成正比。

例如，假设有 6 个个体，其适应度值如表 2-1 所示。分配给每个个体的轮盘相对比例是根据这些适应度值计算的。

表 2-1 个体适应度值及相对比例表

个 体	适应度值	相对比例
A	8	7%
B	12	11%
C	27	24%
D	4	3%
E	45	40%
F	17	15%

相应的轮盘赌轮如图 2-2 所示。

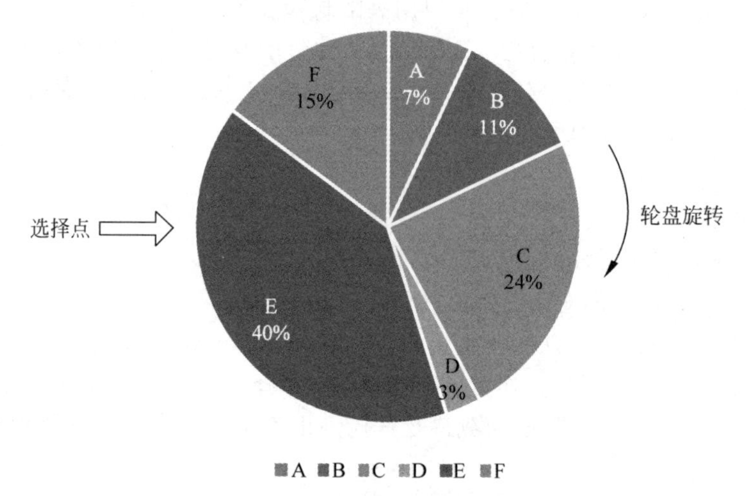

图 2-2 轮盘赌选择示例

每次转动轮盘，根据选择点从整个种群中选择一个个体，然后再次转动轮盘来选择下一个个体，直到有足够的个体组成下一代种群。因此，可以看出，同一个个体也可以被多次选中。

2.2.2 随机通用抽样

随机通用抽样(**Stochastic Universal Sampling ,SUS**)是基于前述轮盘赌选择稍加修改的。轮盘赌选择使用相同的轮盘和相同的比例，但不是使用一个选择点，而是通过反复转动轮盘，直到选中足够的个体数量。SUS 是只转动一次轮盘，使用间距相等的多个选择点，一次选出所有的个体，如图 2-3 所示。

随机通用抽样选择算子可以防止具有特别高适应度值的个体通过一次又一次的过度选

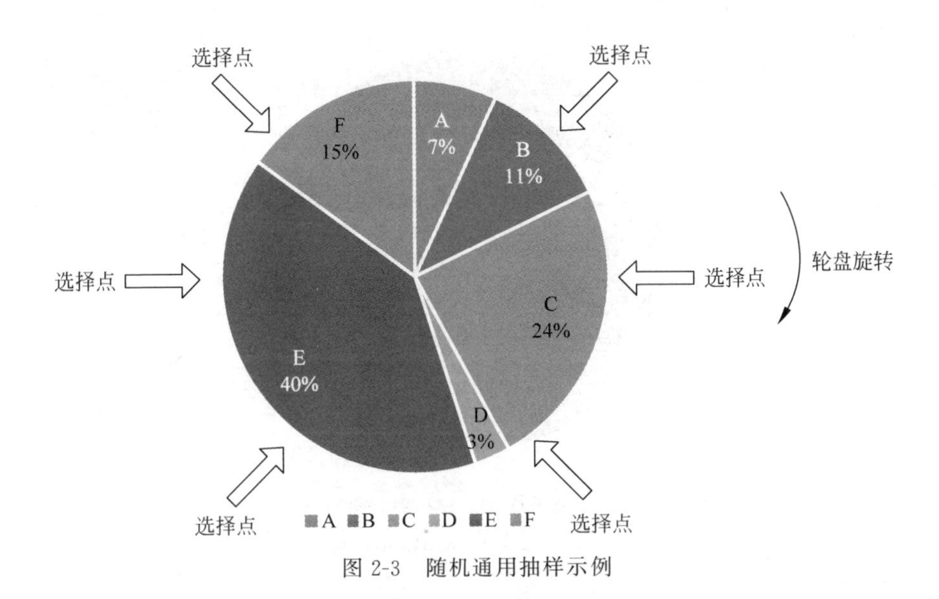

图 2-3 随机通用抽样示例

择而使下一代个体饱和(造成种群多样性较差)。因此,该方法为弱者(适应度不佳者)提供了被选择的机会,减少了原始轮盘赌选择算子的不公平性。

2.2.3 基于排序的选择

基于排序的选择策略类似于轮盘赌,但它不是直接使用适应度值来计算选择每个个体的概率,而是先使用适应度值对个体进行排序。排序之后,每个个体被赋予一个代表其位置的排名,然后根据这个排名计算轮盘赌的概率。

例如,仍以先前使用的 6 个个体组成的种群为例,再加上每个个体的排序。由于种群规模是 6,最高排名的个体得到排序值 6,下一个个体得到排序值 5,以此类推。轮盘赌轮盘的相对比例现在依据这些排序值而不是适应度值计算,具体如表 2-2 所示。

表 2-2 基于排序的相对比例

个 体	适应度值	排 名	相对比例
A	8	2	9%
B	12	3	14%
C	27	5	24%
D	4	1	5%
E	45	6	29%
F	17	4	19%

相应的轮盘赌轮如图 2-4 所示。

基于排序的选择算子适用于少数个体适应度比其他所有个体大得多的情况。依据排名而非适应度值,可以消除适应度值迥异带来的巨大差异,避免少数高适应度个体被过度重复

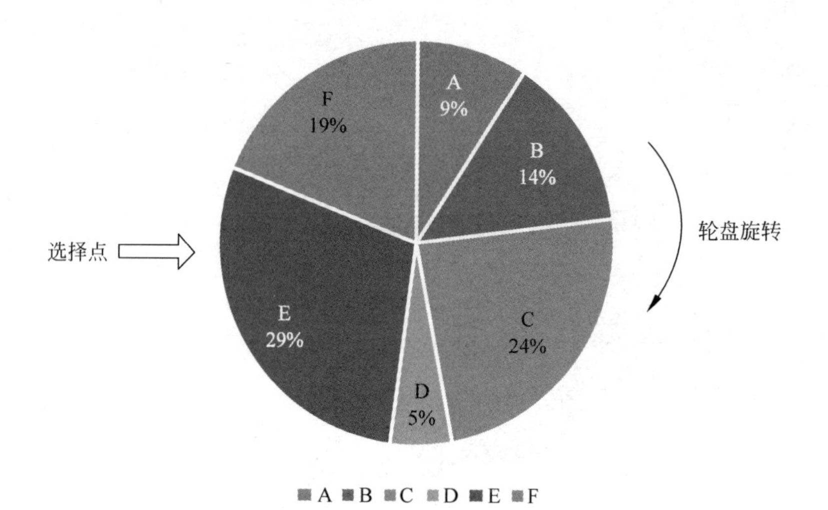

图 2-4 基于排序的选择示例

选择而占据下一代的全部种群。

该方法的另一个适用场景是，当所有个体都有相似的适应度时，基于排序的选择可将它们有效分开，即使适应度差异很小，也会给更优的个体带来明显的优势。

2.2.4 适应度缩放

与基于排序的选择算子中用个体的排名来替换个体适应度值的方法类似，适应度缩放通过对原始适应度值进行缩放变换，并使用变换结果代替原值。缩放变换将原始适应度值映射到所需的范围：

$$\text{scaled fitness} = a \times (\text{raw fitness}) + b$$

这里，a 和 b 是常数，用于标度适应度值范围。

例如，如果使用前面示例中的值，则原始适应度值的范围在 4(最小适应度值，个体 D)和 45(最高适应度值，个体 E)之间。假设要将这些值映射到一个新的范围，即 50～100，可以使用以下方程式计算常数 a 和 b 的值，这些方程式代表这两个个体：

$$50 = a \times 4 + b \qquad (\text{最低适应度值})$$

$$100 = a \times 45 + b \quad (\text{最高适应度值})$$

求解这个简单的线性方程组将得到以下标度参数值：$a=1.22, b=45.12$。

这意味着可按如下方式计算缩放适应度：

$$\text{scaled fitness} = 1.22 \times (\text{raw fitness}) + 45.12$$

表 2-3 中增加了缩放适应度值和相对比例，在添加新列后，可以看到范围确实为 50～100，如期望的一样。

表 2-3 增加缩放适应度值和相对比例

个 体	适应度值	缩放后的适应度值	相对比例
A	8	55	13%
B	12	60	15%
C	27	78	19%
D	4	50	12%
E	45	100	25%
F	17	66	16%

对应的轮盘赌轮如图 2-5 所示。如图 2-5 所示，将适应度值缩放到新的范围，与原始分区相比，缩放后的轮盘赌的分区要协调得多。最好的个体（缩放后适应度值为 100）现在只是最差的个体（缩放后适应度值为 50）的 2 倍，而使用原始适应度时，该差距在 11 倍以上。

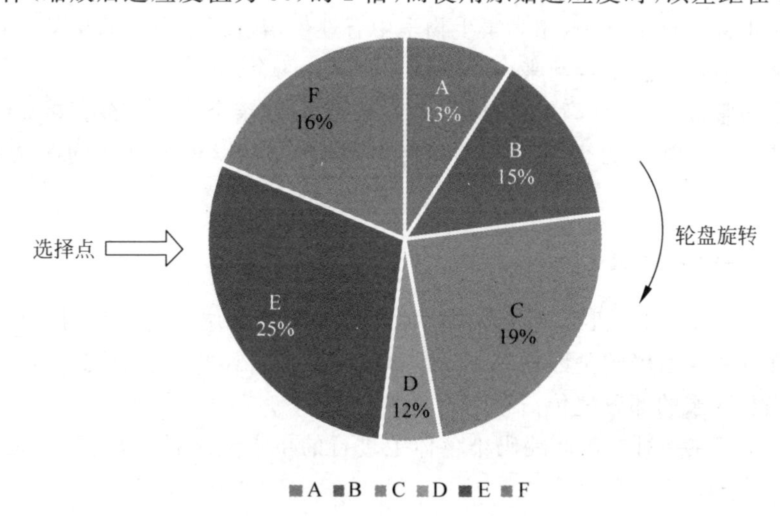

图 2-5 适应度缩放后的轮盘赌选择示例

2.2.5 锦标赛选择

在锦标赛选择算子中，每一次从种群中随机抽取两个或两个以上的个体，适应度值最高的一个获胜并被选中。

例如，假设有 6 个个体，适应度值与前面的例子相同。图 2-6 说明了锦标赛选择的过程，即随机选择其中的 3 个（A、B 和 F），然后宣布 F 为赢家，因为 F 在这 3 个个体中具有最大的适应度值（17）。

参与锦标赛选择的个体数量（在上面例子中是 3）称为**锦标赛规模**。比赛规模越大，最好的个体参加比赛并被选中的机会就越高，得分低的个体赢得比赛并被选中的机会就越小。

这种选择算子的有趣之处在于，只要能够比较任何两个个体并确定其中哪一个更好，就不需要适应度函数的实际数值了。

个体	适应度值
A	8
B	12
C	27
D	4
E	45
F	17

F

图 2-6　锦标赛选择的示例(锦标赛规模为 3)

2.3　交叉算子

交叉算子也称为重组算子，相当于生物学中有性生殖过程中发生的交叉，用于将作为父母的两个个体的遗传信息结合起来，产生后代(通常是两个)。

交叉算子通常被以一定(高)概率应用。若不交叉，双亲个体都会被直接克隆到下一代。

以下描述了一些常用的交叉算子及其典型用例，也可以根据具体问题选择特定交叉算子。

2.3.1　单点交叉

在单点交叉算子中，随机选择双亲染色体上的一个基因位。这个基因位被称为交叉点或切割点。在这一点右侧的基因在双亲染色体之间交换。如此，我们得到了两个后代，每一个都携带着来自双亲的部分遗传信息。

图 2-7 展示了在一对二进制编码染色体上进行的单点交叉操作，交叉点位于第五和第六个基因之间。

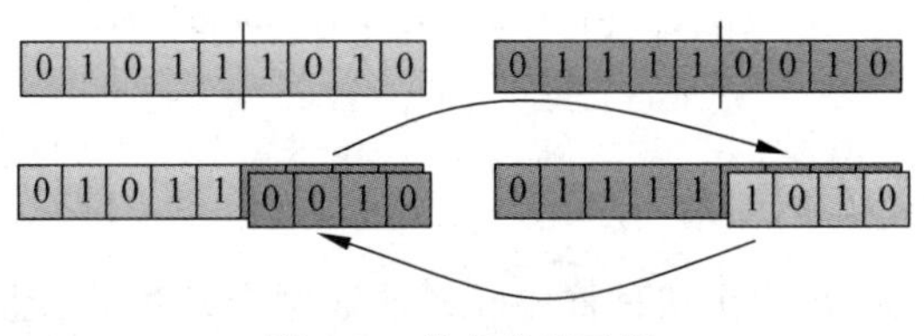

图 2-7　单点交叉示例

(来源：https://commons.wikimedia.org/wiki/File：Computational.science.Genetic.algorithm.Crossover.One.Point.svg.
图像由 Yearofthedragon 根据知识共享 CC BY-SA 3.0 授权：https://creativecommons.org/licenses/by-sa/3.0/deed.en.)

2.3.2 节将讨论这种方法的扩展，即两点交叉和 k 点交叉。

2.3.2　两点交叉和 k 点交叉

两点交叉法，是随机选取双亲染色体上的两个交叉点，将位于这些交叉点之间的基因在两个双亲染色体之间交换。

图 2-8 展示了在一对二进制编码染色体上进行的两点交叉，第一个交叉点位于第三和第四个基因之间，另一个位于第七和第八个基因之间。

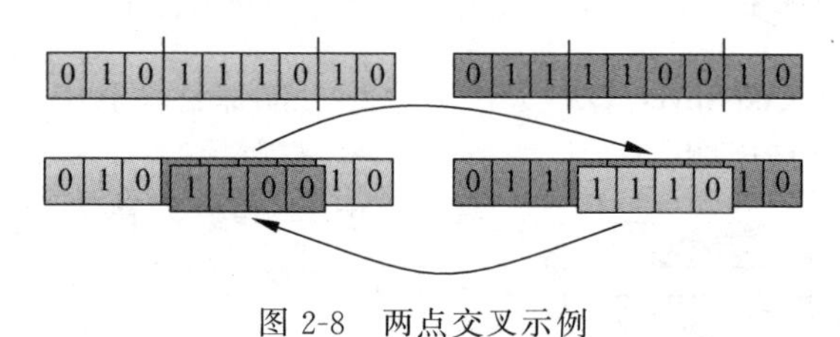

图 2-8　两点交叉示例

两点交叉法可以通过执行两次位置不同的单点交叉来实现，对这种方法进行拓展，可以进行 k 点交叉，其中 k 表示一个正整数，并且使用 k 个交叉点。

5	7	2	3	1	6	9	8	0
6	8	3	4	2	1	0	9	7
5	8	2	3	2	6	0	9	0
6	7	3	4	1	1	9	8	7

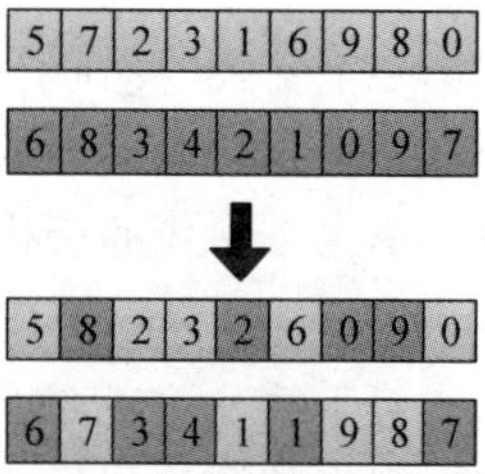

图 2-9　均匀交叉法示例

2.3.3　均匀交叉法

在均匀交叉法中，子代个体每个基因都是通过独立随机选择其中一个父代的基因来决定的。当随机分布为 50%时，每个父代对后代的影响概率相同，如图 2-9 所示。

在本例中，第二个后代是通过将第一个后代所选择的基因取补而创建的，同时，两个后代也可以独立创建。

这个例子中使用了整数编码染色体，它与二进制编码染色体的工作原理类似。由于这种方法不交换染色体的整个片段，因此它在后代中具有更大的多样性潜力。

2.3.4　有序列表的交叉

前述示例了在两个整数编码染色体上进行交叉操作的结果。虽然每个父代在 0～9 的每个值都只出现一次，但每个生成的后代都有某些值重复出现多次（例如，2 出现在上面的后代中，1 出现在下面的后代中），而某些值则丢失（例如，上面的后代中没有 4，另一个后代中没有 5）。

然而，在某些任务中，整数编码染色体可能表示有序列表。例如，假设有几个城市，已知每个城市之间的距离，需要找到经过所有城市的最短路线。这就是所谓的旅行商问题（将在后面的章节中详细介绍）。

例如，如果有 4 个城市，为了表示这个问题的可行解，一个简便的方法是使用 4 个整数编码的染色体显示访问城市的顺序，例如，(1,2,3,4)或(3,4,2,1)。一个染色体有两个相同的值，或者缺少其中一个值，如(1,2,2,4)，将被视为无效解。

对于这种情况，人们设计了其他的交叉算子，以确保产生的后代个体解的有效性。其中之一就是顺序交叉，下面具体介绍。

2.3.5 顺序交叉

顺序交叉(**Ordered Crossover**,**OX**)方法力求尽可能保持父代基因的相对有序性。下面用长度为 6 的染色体进行说明。

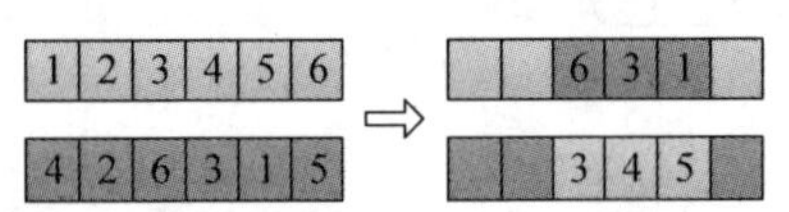

图 2-10 顺序交叉示例——步骤 1

第一步是一个带有随机交叉点的两点交叉，如图 2-10 所示(左侧为双亲节点)。

现在，将从第二个交叉点后开始，以原始顺序检查父代的所有基因，从而填充每个后代的其余基因。对于第一个父代，找到了一个 6，但它已经存在于后代中，所以继续(回绕到起始点)到 1，1 也已经存在。按顺序下一个是 2，由于 2 在后代中还没有出现，将其添加进去，如图 2-11 所示。对于第二个父代的后代对，从父代的 5 开始，它已经存在于后代中，然后继续到 4，它也存在，最后是 2，它还没有出现，因此将其添加。

对于第一个的父代的后代对，接下来找到 3(已经存在于后代中)，然后是 4(它没有出现)，则将其添加到后代中。另一个父代的下一个基因是 6。它不存在于匹配的后代中，因此会被添加到后代中。结果如图 2-12 所示。

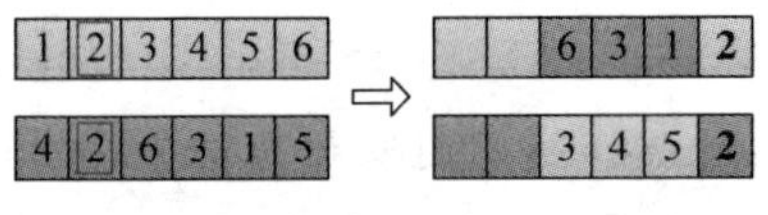

图 2-11 顺序交叉示例——步骤 2

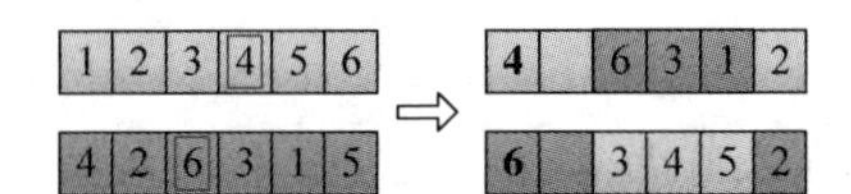

图 2-12 顺序交叉示例——步骤 3

继续以类似的方式处理下一个尚未在后代中出现的基因，并填充到最后可用的位置，如图 2-13 所示。

如此，就产生了两个新的有效染色体，如图 2-14 所示。

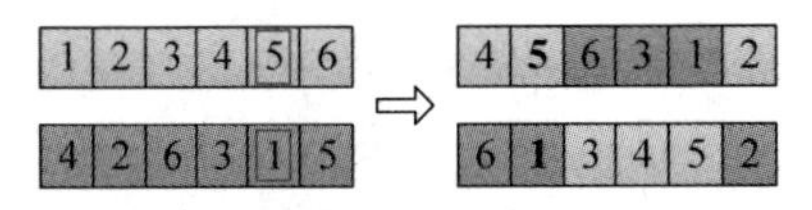

图 2-13 顺序交叉例子——步骤 4

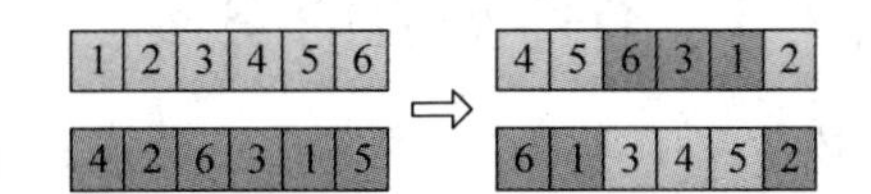

图 2-14 顺序交叉例子——步骤 5

此外，还可利用许多其他的方法来实现交叉，其中一些将在本书的后面遇到。由于遗传算法的多功能性，总能找出适合的交叉算子。接下来介绍变异算子。

2.4 变异算子

变异算子是遗传算法创造新一代种群过程中的最后一个算子。变异算子应用于经过选择和交叉操作产生的后代。

变异是有一定概率的，因为变异有可能损害任何个体的性能表现，因此，变异发生概率通常较低。在某些版本的遗传算法中,变异概率随着迭代次数的增加而逐渐增加,以防止进化停滞,同时保证种群的多样性。但另一方面,若变异率过大,则遗传算法等同于随机搜索。

下面几节将介绍几种常用变异算子及其典型案例。但是,切记总是可以根据具体问题找到适用的特定变异算子。

2.4.1　反转变异

将反转变异应用于二进制编码染色体,随机选择一个基因,并反转其值(补码),如图 2-15 所示。

反转的位数也不限于一个,可以扩展到多个随机基因位被反转。

2.4.2　交换变异

当对二进制编码染色体或整数编码染色体应用交换变异时,随机选择两个基因位并交换其值,如图 2-16 所示。

图 2-15　反转变异示例　　图 2-16　交换变异示例

这种变异操作适用于有序列表的染色体,因为新的染色体仍然携带与原始染色体相同的基因。

2.4.3　逆序变异

当将逆序变异应用于二进制编码染色体或整数编码染色体时,选择一个随机的基因序列,并且该序列中的基因位置顺序颠倒,如图 2-17 所示。

逆序变异与交换变异相似,适合有序列表染色体的变异操作。

2.4.4　重组变异

另一种适用于有序列表染色体的变异算子是重组变异。当应用这种方法时,选择一个随机的基因序列,该序列中的基因顺序被重组(或置乱),如图 2-18 所示。

图 2-17　逆序变异示例　　图 2-18　重组变异示例

2.5 节将讨论为实数编码遗传算法创建其他类型算子。

2.5　实数编码的遗传算法

到目前为止,已经讨论了二进制编码或整数编码染色体的遗传算法。可以看出,遗传算子适合处理这些类型的染色体。然而，我们经常也会遇到连续解空间问题，换句话说，个体是由实数（浮点数）组成的。

以前，遗传算法曾使用二进制字符串来表示实数，但这并不理想。使用二进制字符串表示的实数的精度会受字符串长度（位数）的限制。因为需要预设长度，可能得到过长或过短的二进制字符串，如果过短，则导致精度不足。

此外，当一个二进制字符串被用来表示一个数字时，每一位的重要性都会随着它的位置而变化，权值最大的位在左边。这可能会导致染色体模式不平衡。例如，模式 1** **（代表以 1 开头的所有 5 位二进制字符串）和模式 ** **1（代表以 1 结尾的所有 5 位二进制字符串）的阶数都为 1，定义距离都为 0，但是前一种模式的重要性远大于另一个。

作为二进制字符串的替代，实数值数组是一种更简单、更好的方法。例如，如果有一个涉及 3 个实数值参数的问题，那么染色体看起来像$[x_1, x_2, x_3]$，其中 x_1, x_2, x_3 代表实数，比如[1.23，7.2134，−25.309]或[−30.10，100.2，42.424]。

本章前面提到的各种选择算子对实数编码染色体的作用是一样的，因为它们只取决于个体的适应度，而不是它们的表示形式。

然而，目前所涉及的交叉和变异算子并不适用于实数编码染色体，因此需要使用专门的方法。需要记住的一点是，这些交叉和变异操作分别应用于构成实数编码染色体的数组的每个维度。例如，如果[1.23，7.213，−25.309]和[−30.10，100.2，42.42][1]是交叉操作的父对象，分别针对以下实数对进行交叉，如图 2-19 所示。

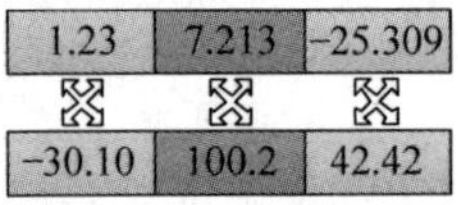

1.23	7.213	-25.309
-30.10	100.2	42.42

图 2-19 实数编码染色体交叉示例

(1) 1.23 与 −30.10（第一维）。

(2) 7.213 与 100.2（第二维）。

(3) −25.309 与 42.42（第三维）。

类似地，当变异算子应用于实数编码染色体时，也将分别应用于每个维度。

下面将介绍几种实数编码的交叉和变异算子，并在后续第 6 章中展示其应用。

2.5.1 混合交叉

在**混合交叉**（**BLend Crossover，BLX**）中，每个后代从其父代创建的以下区间中随机选择：

$$[\text{parent}_1 - \alpha(\text{parent}_2 - \text{parent}_1), \text{parent}_2 + \alpha(\text{parent}_2 - \text{parent}_1)]$$

其中，参数 α 是一个常数，其值为 0～1。α 值越大，区间越宽。

例如，如果父代双亲的值为 1.33 和 5.72，则会出现以下情况：

(1) α 值为 0 将得到区间[1.33，5.72]（等于双亲之间的间隔）。

(2) α 值为 0.5 将得到区间[−0.865，7.915]（双亲间隔的两倍）。

---

① 译者注：此处数字与前段文字中数字不一致，原文如此，故未做修改。

(3) α 值为 1.0 将得到区间[-3.06, 10.11](双亲间隔的三倍)。

这些示例如图 2-20 所示,其中双亲标记为 p1 和 p2,交叉间隔为黄色。

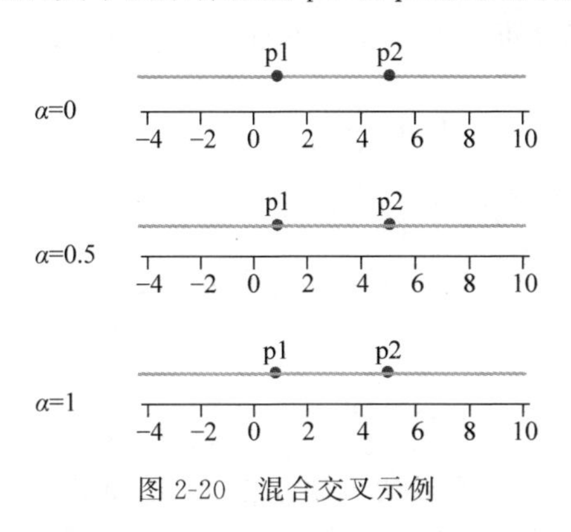

图 2-20　混合交叉示例

使用这种交叉算子时,α 值通常设置为 0.5。

2.5.2　模拟二进制交叉

模拟**二进制交叉**(**Simulated Binary Crossover,SBX**)的思想是模仿二进制编码染色体常用的单点交叉的特性。其中一个特性是父代值的平均值等于后代值的平均值。

应用 SBX 时,使用以下公式从两个父代对象创建两个后代:

$$\text{offspring}_1 = \frac{1}{2}[(1+\beta)\text{parent}_1 + (1-\beta)\text{parent}_2]$$

$$\text{offspring}_2 = \frac{1}{2}[(1-\beta)\text{parent}_1 + (1+\beta)\text{parent}_2]$$

其中,β 是一个随机数,称为扩展因子。该公式具有以下显著特性:

(1) 无论 β 值如何,两个后代的平均值都等于双亲的平均值。

(2) 当 $\beta=1$ 时,后代是双亲的复制。

(3) 当 $\beta<1$ 时,后代之间的距离比双亲更近。

(4) 当 $\beta>1$ 时,后代之间的距离比双亲更远。

例如,如果父代对象的值为 1.33 和 5.72,则会出现以下情况: $\beta=0.8$ 将产生 1.769 和 5.281 的后代; $\beta=1.0$ 将产生 1.33 和 5.72 的后代; $\beta=1.2$ 将产生 0.891 和 6.159 的后代。这些情况如图 2-21 所示,父代双亲用 p1 和 p2 标记,后代用 o1 和 o2 标记。

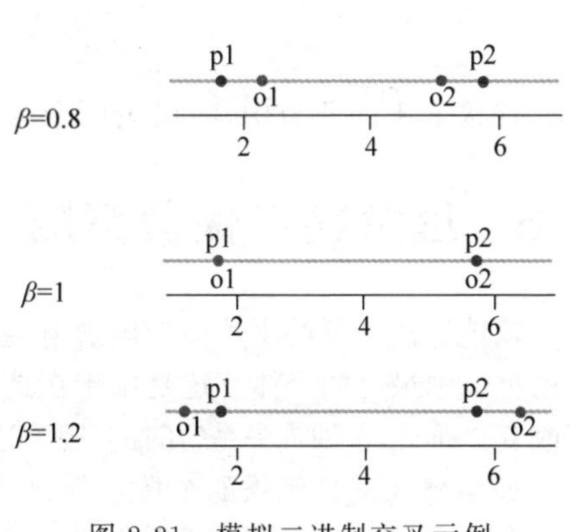

图 2-21　模拟二进制交叉示例

在上述每种情况下,两个后代的平均值都为 3.525,这等于两个父代的平均值。

另一个希望保留的二进制单点交叉的性质,是后代和父代之间的相似性。这转化为 β 值的随机分布。为了保持后代与父代相似，β 的值为 1 左右的概率很高。为了实现这一点，β 值是使用另一个随机值来计算的，用 u 表示，该随机值在区间[0,1]上均匀分布。当 u 值确定时，β 计算如下：

$$\begin{cases}\beta=(2u)^{\frac{1}{\eta+1}}, & u\leqslant 0.5\\ \beta=\left[\dfrac{1}{2(1-u)}\right]^{\frac{1}{\eta+1}}, & \text{其他}\end{cases}$$

这些公式中使用的参数 η 是表示**分布指数**的常数，η 值越大，后代越接近父母，η 的常用值为 10 或 20。

2.5.3 实数变异

在实数编码遗传算法中应用变异的一种方法是：用随机产生的一个全新的值来代替任何原有实数，但这可能导致变异个体与原始个体没有关系。

另一种方法是生成一个随机实数，它驻留在原始个体的附近。这种方法的一个例子是**正态分布(或高斯)变异**：使用平均值为零的正态分布和某个预定的标准差生成一个随机数，如图 2-22 所示。

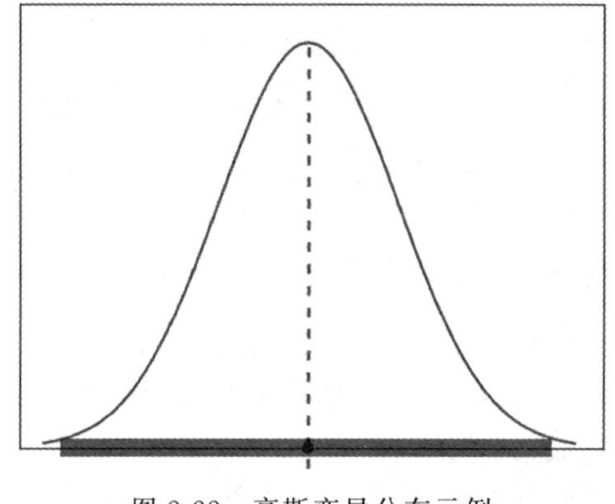

图 2-22 高斯变异分布示例

在接下来的两节中，将讨论两个高级策略：精英保留和小生境。

2.6 理解精英保留策略

遗传算法种群的平均适应度通常随着迭代次数的增加而增加，但在任何时候，都可能失去当前世代中最好的个体。这是由于在选择、交叉和变异算子创造下一代的过程中对个体进行了改变。通常，这种损失是暂时的，因为这些个体(或更好的个体)将在未来某代重新引入种群。

如果想保证最优秀的个体总能进入下一代，可以选择添加精英保留策略。这意味着前 n 个个体(n 是一个小的、预先定义的参数)被直接复制到下一代，而后再用选择、交叉和变异产生的后代填充剩余的种群。被复制的精英个体仍然有资格参加选择过程，因此它们仍然可以作为新个体的父代使用。

精英保留有时会对算法的性能产生显著的积极影响,因为它避免了在遗传算法迭代过程中重新发现丢失的优秀候选解所需的潜在时间浪费。

另一种改善遗传算法结果的有趣方法是使用小生境,如下一节所述。

2.7　小生境和共享

在自然界中,任何环境都可被进一步划分为多个亚环境或小生境,各种物种都可利用每个小生境中的独特资源如食物和住所等。例如,森林环境由树冠、灌木、森林地面、树根等组成;每一种都能容纳不同的物种,这些物种专门生活在小生境中并利用其资源。

当几个不同的物种共存于同一小生境时,它们都在争夺同一种资源,于是就产生了一种寻找新的、无人居住的小生境并将其繁衍下去的趋势。

在遗传算法领域,这种小生境现象可以用来维持算法种群的多样性,也可以用来寻找多个最优解,每一个最优解都可以看作是一个小生境。

例如,假设遗传算法寻求最大化的适应度函数有几个不同高度的峰值,如图 2-23 所示。由于遗传算法的趋势是寻找全局极大值,期望过一段时间后,种群的大多数个体集中在峰值附近。图中×标记的位置,表示当前种群中的个体。

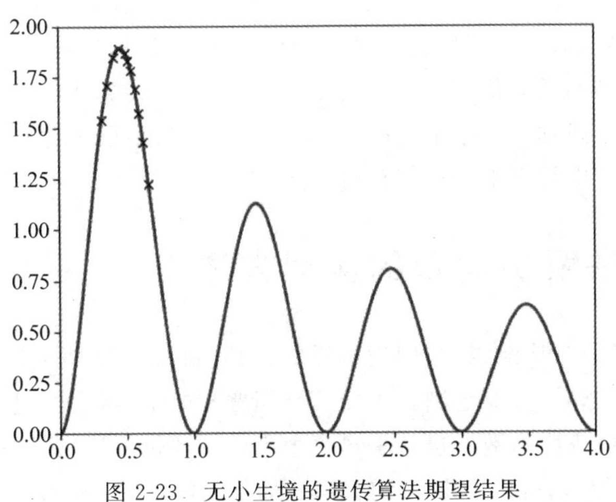

图 2-23　无小生境的遗传算法期望结果

但在有的问题中,除了全局极大值之外,还希望找到一些(或全部)其他峰值。要做到这一点,可以把每一座峰值看作是一个小生境,提供的资源量与它的高度成正比。然后会找到一种方法,在占用资源的个体之间共享(或分配)这些资源。理想情况下,这将促使种群适应性地分布,最高峰吸引的个体最多,因为它提供的资源最多,而其他峰值的种群数量减少,因为它们提供的资源较少。理想情况如图 2-24 所示。

现在的问题是如何实现这种共享机制,其中一种方法是将每个个体的原始适应度与所

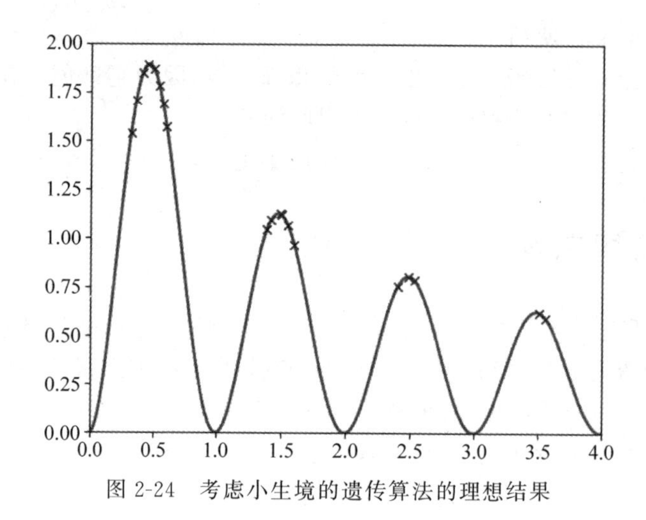

图 2-24 考虑小生境的遗传算法的理想结果

有其他个体的相对距离(或者相对距离的某种函数)分享,另一种方法是将每个个体的原始适应度与它周围一定半径范围内其他个体的数量分享。

可惜的是,前面描述的小生境概念很难实现,因为它增加了适应度计算的复杂性。实际上,它还要求种群规模为原始种群大小乘以预期峰值的数量(通常未知)。

克服这些问题的一种方法是一次找到一个峰值(串行小生境),而不是试图同时找到所有峰值(并行小生境)。为了实现串行小生境,照常使用遗传算法来寻找最优解。然后,更新适应度函数值,使找到的极大值点的区域变平,而后重复遗传算法的过程。

理想情况下,将会找到下一个最佳峰值,因为原来的峰值已不存在。可以迭代地重复这个过程,并在每次迭代中找到下一个最佳峰值。

2.8 遗传算法解决问题的应用方法

遗传算法提供了一个功能强大、用途广泛的工具,可用来处理各种各样的问题和任务。当着手解决一个新问题时,需要定制算子使其与问题相匹配,常需经过下述步骤完成:

首先,需要确定**适应度函数**。也就是对每个个体的评价方法,适应度值越大代表个体越好。函数不必是数学函数,可以用很多方法来表示,如一段算法,或者对外部服务的调用,甚至是一个游戏结果。这里需要的只是一种可用编程方式获得一个解(个体)的适应度的方法。

接下来,需要选择一个合适的**染色体编码方式**。这要基于发送给适应度函数的参数进行选择。到目前为止,已经学习了二进制、整数、有序列表和实数编码的示例。而对于某些问题,可能需要使用混合参数类型,甚至创建自定义的染色体编码。

然后,需要确定一种**选择**算子。大多数选择算子适用于任何类型的染色体。如果适应度函数不能直接计算出结果,但仍然有办法分辨出几个候选解中哪一个是最佳的,就可以考虑使用锦标赛选择的方法。

正如在前面的章节中所看到的，**交叉**和**变异**算子的选择与染色体编码方式息息相关。二进制编码的染色体与实数编码的染色体具有不同的交叉和变异方案。与选择算子类似，也可以设计适用的交叉和变异算子，以适应独特的使用情况。

最后，需要确定算法的参数。需要设置的最常用参数值如下：

(1) 种群规模；

(2) 交叉率；

(3) 变异率；

(4) 最大迭代次数；

(5) 其他停止迭代的条件；

(6) 精英保留(是否使用；规模大小)。

对于这些参数，可以选择我们认为合理的值，然后对其进行整定，与其他优化和学习算法中对超参数的处理方式基本类似。

如果难以对上述选择作出决定，在接下来的几章中，将针对各类的问题反复进行这些选择的过程。读完本书，你将能够面对新的问题，并做出正确的选择。

小结

在本章中，首先介绍了遗传算法的基本流程，学习了遗传算法的关键步骤，包括初始化种群、计算适应度函数、应用遗传算子以及停止条件。

然后，学习了各种选择算子，包括轮盘赌选择、随机通用抽样、基于排序的选择、适应度缩放和锦标赛选择，并对比了它们之间的区别。

介绍了几种交叉算子，如单点交叉、两点交叉和 k 点交叉以及有序交叉和部分匹配交叉；介绍了许多变异算子，例如反转变异，接着是交换、逆序和重组变异等；介绍了实数编码遗传算法，包括它们的特殊染色体编码以及它们定制的交叉和变异遗传算子。

之后介绍了精英保留的概念，以及遗传算法中使用的小生境和共享。

本章的最后一部分介绍了在使用遗传算法解决问题时需要做出的各种选择；这是一个将在本书中多次重复的过程。

在第 3 章中，真正的乐趣开始了——用 Python 编写代码！将介绍一个名为 DEAP 的进化计算框架，它可以作为一个强大的工具，将遗传算法应用到各种任务中。在本书的后续部分，会使用 DEAP 框架开发 Python 程序，去迎接许多不同的挑战。

拓展阅读

Prateek Joshi. Artificial Intelligence with Python[M]. USA：Packt. 2017.

第 2 部分　使用遗传算法解决问题

本部分重点讨论如何使用 Python 语言编写遗传算法来解决各种类型的实际问题。本部分包括以下章节：

- 第 3 章，DEAP 框架的使用；
- 第 4 章，组合优化；
- 第 5 章，约束满足；
- 第 6 章，连续函数优化。

第3章

DEAP框架的使用

本章将介绍DEAP(Distributed Evolutionary Algorithms in Python),一个强大而灵活的进化计算框架,支持使用遗传算法解决很多现实问题。然后,将介绍其两个主要模块:creator和toolbox,学习如何创建遗传算法所需的各要素。接着,使用DEAP框架编写一个Python程序来解决OneMax问题,即遗传算法领域的“Hello World”问题。最后,利用框架的内置算法来实现一个更简洁版本的OneMax程序,把它放在本章的最后一部分,进行遗传算法参数设置实验,并探讨参数修改对算法的影响。

本章主要涉及以下主题:

- 熟悉DEAP框架及遗传算法模块;
- 理解DEAP框架中creator和toolbox;
- 能够用遗传算法来描述简单问题;
- 能够使用DEAP框架进行遗传算法求解;
- 了解如何使用DEAP框架的内置算法来生成简洁代码;
- 用DEAP框架实现的遗传算法求解OneMax问题;
- 能够进行一系列遗传算法参数设置实验,并理解其中结果差异。

3.1 技术要求

DEAP的新版本可以在Python 2或Python 3环境下使用。本书中使用Python 3.7版本。Python安装包可以从Python Software Foundation下载。

推荐使用easy_install或pip安装DEAP,例如:

```
pip install deap
```

关于DEAP的详细信息,可以查看相关DEAP文档网址。

此外,本书中将使用多种Python包。本章需要用到以下软件包:

(1) numPy;

(2) matplotlib;

(3) seaborn。

做好以上准备工作后，就可以使用DEAP了。此框架最有用的工具包和实用工具将在接下来的两部分中介绍。首先，需要初步了解DEAP并理解为什么要选择这个框架来实现遗传算法。

3.2 DEAP简介

正如在前几章中看到的，遗传算法流程及遗传算子的基本思想相对简单。因此，从零开始开发一个解决特定问题的遗传算法程序是完全可行的。

因而，与开发软件编写程序类似，使用经过验证的专用库或框架可以使工作更轻松。这不仅有助于以更少的错误更快地创建解决方案，还为我们提供了许多可选方案（并进行实验）。开箱即用，而无须“重新发明轮子”。

为了应用遗传算法，开发者们已经创建了许多Python框架，如GAFT、Pyevolve和PyGMO等。在研究了几个备选项之后，选择在本书中使用DEAP框架，因为它简单易学，有大量的特性可选，扩展性强和拥有丰富的资源库。

DEAP是一个Python框架，支持使用遗传算法和其他进化计算方法快速求解。DEAP提供了各种数据结构和工具，而这些对于实现基于遗传算法的问题求解是必不可少的。

DEAP于2009年由加拿大拉瓦尔大学开发，并获得GNU **宽通用公共许可证（Lesser General Public License，LGPL）**。

3.3 使用creator模块

DEAP框架提供的第一个强大工具是creator模块。creator模块能够通过设置新的属性参数方式来定义一个新的类从而扩展原有类。

例如，假设有一个名为Employee的类，可以通过调用creator模块中的create()方法创建一个Developer类，扩展原有Employee类功能：

```
from deap import creator
creator.create("Developer", Employee, position = "Developer",
programmingLanguages = set)
```

传递给create()方法中的第一个参数是新类的名称，第二个参数是要扩展的原有类名称，之后添加的每个参数是为新类添加的新的属性参数定义。如果这个参数是给类的属性赋值（例如dict或set），它将作为动态属性添加到新类中，并在构造函数中初始化。如果参数不是类的属性（如，文本），那么它将作为类的静态（static）属性添加到新类中。

因此，新创建的Developer类将继承Employee类，并添加一个的position类属性（赋值为Developer），和一个实例属性programmingLanguages（set类型），它在构造函数中初始化。实际上，新类相当于：

```
class Developer(Employee):
    position = "Developer"
    def __init__(self):
        self.programmingLanguages = set()
```

这个新类存在于 creator 模块中，因此需要以 creator. Developer 的形式来调用它。扩展 numpy. ndarray 类是一个特殊情况，将在后面讨论。

当使用 DEAP 时，creator 模块通常用于创建遗传算法所需的 Fitness 类(适应度类)以及 Individual 类(个体类)，下面具体介绍。

3.3.1 创建 Fitness 类

当使用 DEAP 时，适应度值被封装在一个 Fitness 类中。DEAP 使适应度可以分解成几个部分(也称为目标)，每个部分都有自己的权重。这些权重的组合定义了给定问题的适应度函数组成或策略。

1. 定义适应度策略

DEAP 提供了一个 base. Fitness 抽象类来定义适应度策略，它包含一个 weights 元组。在使用该类定义适应度策略前，需要给元组赋值进行初始化。该操作通过使用 creator 工具来扩展原有的基础 Fitness 类来完成，方法与前面定义 Developer 类类似：

```
creator.create("FitnessMax", base.Fitness, weights = (1.0,))
```

上述代码通过扩展 base. Fitness 类，得到了一个 weights 类属性初始值为(1. 0，)的 creator. FitnessMax 类。

在定义单个权重时，请注意 weights 定义中末尾的逗号(这个逗号是必需的)，因为 weights 是一个元组。

FitnessMax 类的策略是在遗传算法的求解过程中使单目标解的适应度值最大化。相反，对于一个最小化适应度值的单目标问题，可以使用以下定义来创建相应的最小化策略：

```
creator.create("FitnessMin", base.Fitness, weights = ( - 1.0,))
```

还可以定义一个多目标优化的适应度策略类，并且还可以设置不同目标的重要程度：

```
creator.create("FitnessCompound",base.Fitness,weights = (1.0, 0.2, - 0.5))
```

这将产生一个 creator. FitnessCompound 类，该类将使用 3 个不同的适应度目标函数，其权重分别为 1.0、0.2 和−0.5。该类的方法为使第一个和第二个目标函数最大化，并将第三个目标函数最小化，而就重要性而言，第一个目标函数最重要，其次是第三个目标函数，最后是第二个目标函数。

2. 存储适应度函数值

当 weights 元组定义了适应度策略后，在 base. Fitness 类中，使用一个名为 values 的元组来存储实际的适应度值。适应度值来自一个单独定义的函数（通常是 evaluate()），本章后面将对此进行描述。与 weights 元组一样，values 元组为每个适应度目标函数保存一个值。

第三个元组 wvalues 存储的内容为通过将 values 元组的每个元素与 weights 元组的相应元素相乘而获得的加权值。当一个实例定义了适应度数值之后，加权值将被计算并插入到 wvalues 中。

加权后的适应度值可使用以下运算符进行比较：

```
>, <, >= , <= , == , !=
```

创建 Fitness 类之后，就可以在 Individual 类的定义中使用它。

3.3.2 创建 Individual 类

DEAP 中 creator 工具的第二个常见用法是为遗传算法定义构成种群的个体。正如我们在前几章中看到的，遗传算法中的个体是用一个可以由遗传算子操作的染色体来表示的。在 DEAP 中，Individual 类是通过扩展表示染色体的基类来创建的。此外，DEAP 中的每个 Individual 实例都需要包含其 fitness 函数作为其中一个属性。

为了满足这两个要求，利用 creator 工具创建 creator. Individual 类：

```
creator.create("Individual", list, fitness = creator.FitnessMax)
```

该行代码产生以下两种效果：

（1）创建的 Individual 类继承了 Python 的 list 类。这意味着所使用的染色体属于列表(list)类型。

（2）Individual 类的每个属性都含有 fitness 属性，该属性属于之前创建的 FitnessMax 类。

下面将介绍如何使用 Toolbox 类。

3.4 使用 Toolbox 类

DEAP 框架提供的第二个强大工具是 base. Toolbox 类。Toolbox 类被用作函数（或算子）的容器，使我们能够通过别名和自定义现有函数来创建新的算子。

例如，假设有一个函数 sumOfTwo()，定义如下：

```
def sumOfTwo(a, b):
    return a + b
```

使用 toolbox，可以创建一个新的算子 incrementByFive()，它是通过定制 sumOfTwo()

函数得到的，如下所示：

```
from deap import base
toolbox = base.Toolbox()
toolbox.register("incrementByFive", sumOfTwo, b = 5)
```

传递给 toolbox.register()的第一个参数是新算子的名称(或别名)。第二个参数是要定制的已有函数。然后，每当调用新算子函数时，每个后面附加(可选)的参数都会自动传递给自定义的新算子函数。例如，下面这个定义：

```
toolbox.incrementByFive(10)
```

因为根据 incrementByFive 算子的定义，参数 b 固定地赋值为 5，所以这个函数等价于调用：

```
sumOfTwo(10, 5)
```

3.4.1 创建遗传算子

在许多情况下，Toolbox 类被用于定制 tools 模块中的已有函数。tools 模块包含大量有关遗传算子的函数：选择、交叉和变异，以及初始化工具。

例如，下面的代码定义了 3 个别名，稍后将用作遗传算子：

```
from deap import tools
toolbox.register("select", tools.selTournament, tournsize = 3)
toolbox.register("mate", tools.cxTwoPoint)
toolbox.register("mutate", tools.mutFlipBit, indpb = 0.02)
```

这 3 个别名的详细定义如下：

(1) select 注册为现有 tools 模块中函数 selTournament()的别名，tournsize 参数设置为 3。这将创建一个 toolbox.select 算子，该算子执行锦标赛规模为 3 的锦标赛选择运算。

(2) mate 注册为现有工具函数 cxTwoPoint()的别名。这将创建一个 toolbox.mate 算子，该算子执行两点交叉的运算。

(3) mutate 注册为现有工具函数 mutFlipBit()的别名，indpb 参数设置为 0.02，这将创建一个 toolbox.mutate 算子，该算子函数以 0.02 的概率在每个属性上执行反转变异的操作。

tools 模块提供各种遗传算子函数的实现，包括在第 2 章中提到的几种。相关选择算子函数可以在 selection.py 文件中找到，其中部分内容如下所述。

(1) selRoulette()：实现轮盘赌选择。

(2) selStochasticUniversalSampling()：实现随机普遍采样(Stochastic Universal Sampling，SUS)。

(3) selTournament()：实现锦标赛选择。

交叉算子函数可以在 crossover.py 文件中找到：

(1) cxOnePoint():实现单点交叉。

(2) cxUniform():实现均匀交叉。

(3) cxOrdered():实现**顺序交叉(OX1)**。

(4) cxPartialyMatched()实现**部分匹配交叉(PMX)**。

mutation.py 文件包含两个变异算子函数,具体如下:

(1) mutFlipBit():实现比特位反转变异。

(2) mutGaussian():实现正态分布变异。

3.4.2 创建种群

tools 模块中的 init.py 文件包含几种函数,这些函数可以用于创建和初始化遗传算法的种群。其中一个特别有用的函数是 initRepeat(),它有 3 个参数。

(1) 容器数据类型:用于存放结果对象的容器的数据类型。

(2) 函数:用于生成即将放入容器中的对象。

(3) 数字:要生成的对象数量。

例如,下面的代码行将生成一个包含 30 个 0~1 的随机数的列表:

```
randomList = tools.initRepeat(list, random.random, 30)
```

其中,list 作为待填充数据的容器,random.random()为生成器函数,30 是调用生成器函数以生成 list 容器中数值的次数。

如果用 0 或 1 的随机整数填充 list 列表,可以使用 random.randint()函数实现,该函数可生成单个随机值 0 或 1,然后用 initRepeat()函数将其填充进列表,如以下代码片段所示:

```
def zeroOrOne():
    return random.randint(0, 1)
randomList = tools.initRepeat(list, zeroOrOne, 30)
```

或者,也可以使用 toolbox 工具,如下所示:

```
toolbox.register("zeroOrOne", random.randint, 0, 1)
randomList = tools.initRepeat(list, toolbox.zeroOrOne, 30)
```

这里,没有显式定义 zeroOrOne()函数,而是调用 random.randint()函数随机生成固定值为 0 和 1 的参数,并将其注册为 zeroOrOne 算子(或别名)。

3.4.3 计算适应度

如前所述,Fitness 类定义确定其策略(如最大化或最小化)的 fitness 权重,实际的 fitness 值由各自定义的函数求得。fitness 计算函数一般使用 toolbox 模块注册为别名 evaluate,代码如下:

```
def someFitnessCalculationFunction(individual):
```

```
    return _some_calculation_of_the_fitness
toolbox.register("evaluate",someFitnessCalculationFunction)
```

在本例中，将 someFitnessCalculationFunction()计算给定的每个个体的 fitness，注册为别名 evaluate。

现在，做好了使用 DEAP 编写遗传算法来解决第一个问题的知识准备，下一节将描述如何使用这些知识来解决问题。

3.5　OneMax 问题

OneMax 问题是一个简单的优化任务，通常被用作遗传算法框架的"Hello World"。我们将在本章的剩余部分通过这个问题来演示 DEAP 框架如何被用于实现遗传算法。

OneMax 的任务是使一段长度固定的二进制字符串所有位置上的数字之和最大。以一个长度为 5 的 OneMax 问题为例：

- 10010(累加和为 2)
- 01110(累加和为 3)
- 11111(累加和为 5)

对于一般人，这个问题的解显而易见，当所有位置全为 1 时，该字符串累加和最大。但是，遗传算法并不具备这个知识，它只能使用遗传算子来盲目地寻找最优解。若算法运行顺畅，它将在合理的时间内找到这个解，或者至少找到一个接近它的解。

DEAP 框架文档使用 OneMax 问题作为其案例介绍(https://github.com/DEAP/DEAP/blob/master/examples/ga/onemax.py)。下面几节将描述我们所写的一版 DEAP 的 OneMax 案例。

3.6　使用 DEAP 解决 OneMax 问题

第 2 章中提到了使用遗传算法解决问题时需要做出的几个选择。解决 OneMax 问题时，将通过一系列步骤做出这些选择。接下来，将继续使用一系列相同的步骤，将遗传算法应用于各种类型的问题。

3.6.1　选择染色体

由于 OneMax 问题处理的是二进制字符串，所以染色体的选择很容易，每个个体都将用一个直接表示候选解的二进制字符串来表示。在实际的 Python 实现中，即是一个包含 0 或 1 整数值的列表。染色体的长度与 OneMax 问题的规模相匹配。例如，对于大小为 5 的 OneMax 问题，10010 个体将由列表[1, 0, 0, 1, 0]表示。

3.6.2 计算适应度值

因为想找到累加和最大的个体，所以将使用 FitnessMax 策略。由于每个个体都由一个 0 或 1 的整数值列表表示，因此适应度值将以列表中元素的累加和表示，例如，sum([1, 0, 0, 1, 0])＝2。

3.6.3 选择遗传算子

现在需要决定要使用的遗传算法：选择、交叉和变异。第 2 章研究了每种算子的几种不同类型。选择遗传算子并不是一门精确的科学，通常可以尝试不同的选择。要注意的是，虽然选择算子通常可以处理任何染色体类型，但是选择的交叉和变异算子需要与使用的染色体类型相匹配，否则将可能产生无效的染色体。

对于**选择**算子，可以从简单有效的**锦标赛选择**开始，之后可以尝试其他选择策略，比如轮盘赌和随机通用抽样。

对于**交叉**算子，无论是单点交叉算子还是两点交叉算子都很合适，因为使用这些方法对两个二进制字符串进行交叉产生的新二进制字符串都是有效的。

对于**变异**算子，可以使用简单的反转变异，这对二进制字符串非常有效。

3.6.4 设置停止条件

为了保证算法不会无限运行，限制迭代次数的方法是一个很好的停止条件。

另外，由于碰巧知道 OneMax 问题的最优解——一个所有的位置都是 1 的二进制字符串，或者是一个等于个体基因长度的适应度值，可以将其作为第二个停止条件。

注意，对于现实问题通常无法预先知道这个最优解。

如果满足这两个条件中的任何一个，即迭代次数达到限制值或找到最优解，遗传算法将停止。

3.7 使用 DEAP 实现算法

做完这些选择之后，现在可以开始使用 DEAP 框架编写程序求解 OneMax 问题。

本节中显示的代码段的完整程序可以在以下链接找到：https://github.com/PacktPublishing/Hands-On-Genetic-Algorithms-with-Python/blob/master/Chapter03/01-OneMax-long.py。

3.7.1 准备工作

在开始使用 DEAP 框架来编写遗传算法程序之前，需要进行一些设置，而 DEAP 框架有一个非常独特的方法可以完成设置。

(1) 首先导入 DEAP 框架的基本模块包,下面是几个必须用到的模块包:

```
from deap import base
from deap import creator
from deap import tools
import random
import matplotlib.pyplot as plt
```

(2) 声明几个常量,这些常量用于设置问题参数和控制遗传算法行为:

```
# problem constants:
ONE_MAX_LENGTH = 100                # length of bit string to be optimized
# Genetic Algorithm constants:
POPULATION_SIZE = 200               # number of individuals in population
P_CROSSOVER = 0.9                   # probability for crossover
P_MUTATION = 0.1                    # probability for mutating
                                    # an individual
MAX_GENERATIONS = 50                # max number of generations for
                                    # stopping condition
```

(3) 遗传算法的一个重点是概率的使用,它为算法的行为引入了随机元素。然而,在测试代码时,可能希望能够多次运行同一个实验并获得可重复的结果。为此,可将随机函数的 seed 设置为某个常量,如下面的代码段所示:

```
RANDOM_SEED = 42
random.seed(RANDOM_SEED)
```

有时可能需要删除这两行代码,使每次运行能够得到一些不同的结果。

(4) 如本章前述,Toolbox 类是 DEAP 框架提供的强大工具之一,能够注册新的函数(或算子)并能够使用预置参数。这里可使用它来创建 zeroOrOne 算子。该算子通过 random.randint(a, b)函数进行定制,此函数返回一个随机整数 N,其中 a≤N≤b。通过将两个参数 a 和 b 值固定设为 0 和 1,zeroOrOne 算子将在后续代码中被调用时随机返回值 0 或值 1。下面的代码片段定义了 toolbox 变量,然后使用它注册了 zeroOrOne 算子:

```
toolbox = base.Toolbox()
toolbox.register("zeroOrOne", random.randint, 0, 1)
```

(5) 创建 Fitness 类。由于这里仅一个目标,即最大化各二进制位的累加和,因此选择 FitnessMax 策略,使用具有单个正权重的 weights 元组,如以下代码段所示:

```
creator.create("FitnessMax", base.Fitness, weights = (1.0,))
```

(6) 在DEAP中,通常使用一个名为Individual的类来代表种群中的每个个体。这个类是在creator工具的帮助下创建的。本例中,list作为基类,用作个体的染色体。该类扩充了fitness属性并初始化为前面定义的FitnessMax类:

```
creator.create("Individual", list, fitness = creator.FitnessMax)
```

(7) 接下来,注册individualCreator算子,该算子用于创建一个Individual类的实例,用0或1的随机值填充。这是通过定制先前自定义的zeroOrOne算子来实现的。此定义使用前面提到的作为基类的initRepeat算子,并在这里使用以下参数进行自定义:Individual类为数据的容器,对象结果将放置在其中;zeroOrOne算子为用于生成对象的函数;ONE_MAX_LENGTH常量为要生成的对象数(当前设置为100)。

由于zeroOrOne算子生成的对象是随机值为0或1的整数,因此individualCreater算子将用100个随机生成的0或1值填充一个Individual实例:

```
toolbox.register("individualCreator", tools.initRepeat,
    creator.Individual, toolbox.zeroOrOne, ONE_MAX_LENGTH)
```

(8) 注册populationCreator算子来创建一个个体列表,此定义也使用initRepeat算子,有两个参数:一个是list类,作为数据的容器;另一个是individualCreator算子,用于生成列表中对象的函数。这里没有给出initRepeat的最后一个参数,即要生成的对象的数量。这意味着在使用populationCreator算子时,希望此参数将用来确定创建的个体数量,即种群规模:

```
toolbox.register("populationCreator", tools.initRepeat,
                    list, toolbox.individualCreator)
```

(9) 为了便于适应度计算(或DEAP术语中的评估),首先定义一个独立的函数,该函数接收单个Individual类的实例对象并返回它的适应度值。在这里,定义了一个名为oneMaxFitness的函数,它计算个体中1的数量。由于每个个体是由1和0组成的列表,Python中的sum()函数可以直接作为适应度计算函数使用:

```
def oneMaxFitness(individual):
return sum(individual),                    # return a tuple
```

如前所述,DEAP中的适应度是用元组表示的,因此在返回单个值时需要后跟逗号。

(10) 接下来,将evaluate算子定义为前面定义的oneMaxfitness()函数的别名。如下所示,DEAP通常使用evaluate作为适应度计算函数的别名:

```
toolbox.register("evaluate", oneMaxFitness)
```

(11) 遗传算子通常是通过对tools模块中的现有函数取别名并根据需要设置参数值来创建的。在这里,选择以下选项:规模为3的锦标赛选择、单点交叉、反转变异。注意

mutFlipBit 函数的 indpb 参数。这个函数遍历个体的所有属性(本例中是一个值为 1 或 0 的列表),对于每个属性,将使用 indpb 这个参数值作为属性值的反转(使用 NOT 运算)概率。该值并不是变异概率,变异概率由先前定义的 P_MUTATION 常数设定(目前还没有用到),并用于确定是否为种群中的给定个体调用 mutFlipBit()函数:

```
toolbox.register("select", tools.selTournament, tournsize = 3)
toolbox.register("mate", tools.cxOnePoint)
toolbox.register("mutate", tools.mutFlipBit,indpb = 1.0/ONE_MAX_LENGTH)
```

至此就完成了初始的设置和定义,下面将开始遗传算法的计算流程。

3.7.2 演化求解

遗传计算流程在 main()函数中实现,步骤如下所述。

(1) 通过使用前面定义的 populationCreator 算子创建初始种群来启动流程,并将 POPULATION_SIZE 常量值作为该算子的参数。稍后将使用的 generationCounter 变量值也在此处初始化:

```
population = toolbox.populationCreator(n = POPULATION_SIZE)
generationCounter = 0
```

(2) 为了计算初始种群中每个个体的适应度,使用 Python 的 map()函数将 evaluate 算子应用于种群中的每一个个体。由于 evaluate 算子是 oneMaxFitness()函数的别名,因此计算得到的结果包含了每个个体计算出的适应度值。然后将计算结果转换为列表:

```
fitnessValues = list(map(toolbox.evaluate, population))
```

(3) 由于 fitnessValues 的元素与 population(一个个体的列表)中的元素相匹配,故可以使用 zip()函数将它们组合起来,并将匹配的适应度元组分配给每个个体:

```
for individual, fitnessValue in zip(population, fitnessValues):
    individual.fitness.values = fitnessValue
```

(4) 由于使用的是单目标适应度函数,从每个适应度函数中提取第一个值用于收集统计:

```
fitnessValues = [individual.fitness.values[0] for individual in population]
```

(5) 收集每一代的最大适应度和平均适应度作为统计数据。为此,创建下面两个列表:

```
maxFitnessValues = []
meanFitnessValues = []
```

(6) 现在进入遗传计算流程的主循环。在循环的顶部设置了停止条件。如前所述,一个停止条件是通过设置迭代的次数来使循环停止,另一个是通过检测是否达到了最优解(一个全为 1 的二进制字符串):

```
while max(fitnessValues) < ONE_MAX_LENGTH and generationCounter < MAX_GENERATIONS:
```

(7) 更新迭代次数计数器。它用于使循环停止,以及下面的 print 语句:

```
generationCounter = generationCounter + 1
```

(8) 遗传算法的核心是遗传算子,下面将应用这些算子。第一个是选择算子,使用之前定义的 toolbox. select 来应用锦标赛选择。由于在定义算子时已经设置了锦标赛规模,所以现在只需将种群及其长度作为参数传递即可:

```
offspring = toolbox.select(population, len(population))
```

(9) 选定的个体保存在一个名为 offspring 的列表中,接下来,为了在应用下一个遗传算子时不影响原始种群,克隆这个列表:

```
offspring = list(map(toolbox.clone, offspring))
```

注意,尽管命名为 offspring(后代),但这些仍然是上一代个体的克隆体,仍然需要使用交叉算子使它们交叉,以产生真正的后代。

(10) 下一个遗传算子是交叉算子。它在前面被定义为 toolbox. mate 算子,实际是单点交叉的别名。使用 Python 中的切片(extended slice)将 offspring 列表的每个偶数索引项与其后面的项配对。然后使用 random()函数,以 P_CROSSOVER 常数设置的交叉概率"掷硬币",这将决定这对个体是被交叉还是保持现状。最后,删除后代的适应度值,因为它们已经被修改了,现有的适应度值已经无效:

```
for child1, child2 in zip(offspring[::2], offspring[1::2]):
    if random.random() < P_CROSSOVER:
            toolbox.mate(child1, child2)
            del child1.fitness.values
        del child2.fitness.values
```

注意,mate()函数将两个个体作为参数,并在原位置修改它们,这意味着它们不需要重新分配内存。

(11) 最后一个要应用的是变异算子,它是在前面被命名为 toolbox. mutate 的算子,并设置为一个反转变异操作。遍历子代的所有个体,变异算子将以变异概率常数 P_MUTATION 设定的概率执行变异操作。如果个体发生变异,需要删除它的适应度值(如果存在),因为这个值可能会从上一代个体继承下来,变异后不再正确,需要重新计算:

```
for mutant in offspring:
```

```
    if random.random() < P_MUTATION:
            toolbox.mutate(mutant)
        del mutant.fitness.values
```

(12) 没有交叉或变异的个体保持不变,因此它们现有的适应度值(在上一代中已经计算过)不需要重新计算。其他个体的适应度为空。现在使用 Fitness 类的 valid 属性找到那些适应度为空的新个体,然后用与最初计算适应度值类似的方式计算新的适应度值:

```
freshIndividuals = [ind for ind in offspring if not ind.fitness.valid]
freshFitnessValues = list(map(toolbox.evaluate, freshIndividuals))
for individual, fitnessValue in zip(freshIndividuals, freshFitnessValues):
    individual.fitness.values = fitnessValue
```

(13) 遗传操作已经完成,这时需要用新的种群替换旧的种群:

```
population[:] = offspring
```

(14) 在继续下一轮循环之前,收集当前的适应度值,以便收集统计数据。由于适应度是一个(单元素)元组,需要选择[0]开始的索引值:

```
fitnessValues = [ind.fitness.values[0] for ind in population]
```

(15) 然后计算适应度的极大值和平均值,将它们的值附加到统计累加器中,并输出摘要行:

```
maxFitness = max(fitnessValues)
meanFitness = sum(fitnessValues) / len(population)
maxFitnessValues.append(maxFitness)
meanFitnessValues.append(meanFitness)
print("- Generation {}: Max Fitness = {}, Avg Fitness = {}"
    .format(generationCounter, maxFitness, meanFitness))
```

(16) 使用刚刚计算的最大适应度找到(第一个)最佳个体的索引,并将该个体输出:

```
best_index = fitnessValues.index(max(fitnessValues))
print("Best Individual = ", *population[best_index], "\n")
```

(17) 一旦达到停止条件,遗传算法流程结束,就可以使用 Matplotlib 库利用统计累加器中的数据来绘制几张图表。使用下面的代码片段绘制一个图表,说明在各代中最佳适应度和平均适应度的变化情况:

```
plt.plot(maxFitnessValues, color='red')
plt.plot(meanFitnessValues, color='green')
plt.xlabel('Generation')
plt.ylabel('Max / Average Fitness')
plt.title('Max and Average fitness over Generations')
plt.show()
```

现在,测试运行上述遗传算法程序,看看是否找到了 OneMax 问题的解。

3.7.3 运行程序

当运行 3.7.1 节和 3.7.2 节的程序时,可得到以下输出:

```
- Generation 1: Max Fitness = 65.0, Avg Fitness = 53.575
Best Individual = 1 1 0 1 0 1 0 0 1 0 0 0 1 1 1 0 1 0 0 1 0 1 0 0 0 1 1 1 1 1 0 1 1 1 1 0 1 0 1 1 1 1
0 0 1 1 1 1 1 1 0 1 1 1 1 1 0 1 1 1 1 1 1 1 0 0 0 0 1 0 1 0 1 1 1 0 1 1 0 0 0 1 1 1 0 0 1 1 1 1 1 1 1 1
1 1 1 0 0
...
- Generation 40: Max Fitness = 100.0, Avg Fitness = 98.29
Best Individual = 1 1 1 1 1 1 1 1 1 1 1 1 1 1 1 1 1 1 1 1 1 1 1 1 1 1 1 11 1 1 1 1 1 1 1 1 1 1 1 1 1
1 1 1 1 1 1 1 1 1 1 1 1 1 1 1 1 1 1 1 1 1 1 1 1 1 1 1 1 1 1 1 1 1 1 1 1 1 1 1 1 1 1 1 1 1 1 1 1 1 1 1 1
1 1 1 1
```

可以看到,在 40 代之后,出现了一个"全为 1"的解,它产生了 100 的适应度值并停止了遗传算法进程。平均适应度值从 53 开始,到最后接近 100。Matplotlib 绘制的图形如图 3-1 所示。

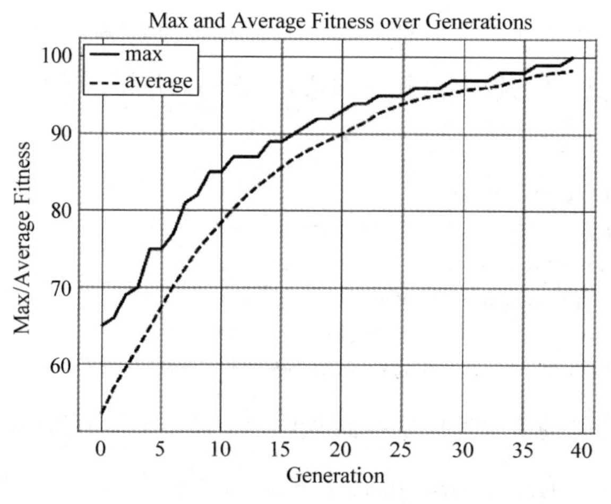

图 3-1 解决 OneMax 问题的程序的统计信息

图 3-1 说明了最大适应度值如何随着迭代次数的增加而递增,同时平均适应度值则保持相对平稳的增加。

如上,已经使用 DEAP 框架解决了 OneMax 问题,3.8 节将学习如何使代码更简洁。

3.8 使用内置算法

DEAP 框架附带了若干由 algorithms 模块提供的内置进化算法。其中名为 eaSimple 的算法能够实现 3.7 节所述遗传算法流程,并且可以替代之前在 main 方法中的大部分代码。其他有用的 DEAP 对象，如 Statistics 和 Logbook，可以用于统计数据的收集和输出。

本节中描述的程序可实现与 3.7 节中 OneMax 问题相同的解，但代码较少。唯一的区别在于 main 方法。我们将在下面的代码片段中描述这些差异。完整的程序 02_OneMax-short.py 可在提供的示例代码中查看。

3.8.1 Statistics 对象

要做的第一个改变是统计数据的收集方式。为此，需要使用 DEAP 提供的 tools.Statistics 类。该类能够使用关键参数创建统计数据对象，关键参数是一个用于计算统计数据的函数：

(1) 由于计划提供的数据是每一代的种群，因此将关键函数设置为从每个个体中提取适应度值的函数：

```
stats = tools.Statistics(lambda ind: ind.fitness.values)
```

(2) 注册各种函数，并将每一步得到的适应度值应用于这些函数中。这里只使用 NumPy 库中的 max 和 mean 函数，当然，其他函数(如 min 和 std)也可以注册：

```
stats.register("max", numpy.max)
stats.register("avg", numpy.mean)
```

运行结束时收集到的统计信息将在一个名为 logbook 的对象中返回。

3.8.2 算法

现在开始正式流程，只需要调用 algorithms.eaSimple 方法，这是 DEAP 框架 algorithms 模块提供的内置进化算法之一，在这里调用该方法时，需要为它提供 population、toolbox 和 statistics 对象等参数：

```
population, logbook = algorithms.eaSimple(population, toolbox,
                                          cxpb = P_CROSSOVER,
                                          mutpb = P_MUTATION,
                                          ngen = MAX_GENERATIONS,
                                     stats = stats, verbose = True)
```

在上面的 algorithms.eaSimple 方法中，假定已经在创建原始程序时使用 toolbox 注册完成了以下算子：evaluate、select、mate 和 mutate。其中，停止条件由 ngen 的值设置，即运行算法的迭代次数。

3.8.3 logbook 对象

在算法流程结束时，算法返回两个对象：最终种群对象和一个包含收集的统计信息的 logbook 对象。然后，就可以使用 select()方法从日志中提取所需的统计信息，并像之前一样对它们进行绘图：

```
maxFitnessValues, meanFitnessValues = logbook.select("max", "avg")
```

接下来运行这个精简版的程序。

3.8.4 运行程序

当使用与前一个程序相同的参数值和设置运行程序时,输出如下:

```
gen     nevals    max    avg
0       200       61     49.695
1       193       65     53.575
...
39      192       99     98.04
40      173       100    98.29
...
49      187       100    99.83
50      184       100    99.89
```

由于 verbose 参数设置为 True,根据我们定义统计对象发送给 algorithms. eaSimple 方法的方式,algorithms. eaSimple 方法得到了以上输出。

结果在数值上与在前一个程序中看到的结果相似,但有两个不同:

(1) 有第 0 代的输出;这在前一个程序中没有输出。

(2) 此遗传算法流程一直持续到第 50 代,由于这是唯一的停止条件,而在前一个程序中,还有一个额外的停止条件,就是达到了最优解(我们事先就知道的最优解)后在第 40 代停止了迭代。

在新的统计图中观察到相同的行为,图 3-2 与图 3-1 相似,但一直延续到了第 50 代,尽管在第 40 代时已经达到了最好的结果。

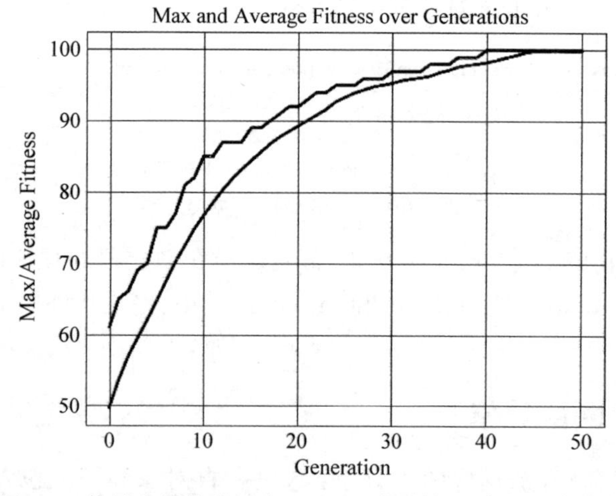

图 3-2 使用内置算法解决 OneMax 问题的程序的迭代曲线

可以看出，从第40代开始，最佳适应度的值不再变化，而平均适应度值不断攀升，直到几乎达到相同的极大值；这意味着，到本次运行结束时，绝大多数个体都达到了最佳适应度值。

3.8.5 添加名人堂

algorithms.eaSimple内置的一个附加功能是**名人堂（Hall Of Fame，HOF）**。HallOfFame类在tools模块中实现，利用这个类，可以在进化过程中保留种群中出现的最优秀的个体，以防止由于选择、交叉、变异等操作而导致这些优秀个体丢失。名人堂会一直保持有序，因此第一个元素是具有最佳适应度值的个体。

包含本节中显示的代码段的完整程序可以在以下位置找到：

https://github.com/PacktPublishing/Hands-On-Genetic-Algorithms-with-Python/blob/master/Chapter03/03-OneMax-short-hof.py

添加名人堂功能，需要对之前的程序进行一些修改：

(1) 首先需要定义一个常量，这个常量用来确定名人堂个体的数量。可在常量定义部分添加以下行：

```
HALL_OF_FAME_SIZE = 10
```

(2) 在调用eaSimple算法之前，创建具有上一步定义规模的HallOfFame对象：

```
hof = tools.HallOfFame(HALL_OF_FAME_SIZE)
```

(3) HallOfFame会被作为一个参数传递到eaSimple()函数，并在遗传算法运行过程中更新它内部的个体：

```
population, logbook = algorithms.eaSimple(population, toolbox,
cxpb = P_CROSSOVER, mutpb = P_MUTATION, ngen = MAX_GENERATIONS,
stats = stats, halloffame = hof, verbose = True)
```

(4) 算法完成后，可以使用HallOfFame对象的items属性来访问名人堂的个体列表：

```
print("Hall of Fame Individuals = ", *hof.items, sep = "\n")
print("Best Ever Individual = ", hof.items[0])
```

输出结果如下所示，最佳个体全部由1组成，其后是在不同位置具有0值的各种个体：

```
Hall of Fame Individuals =
[1, 1, 1, 1, 1, 1, 1, 1, 1, 1, 1, 1, 1, 1, 1, 1, 1, 1, 1, 1, 1, 1, 1, 1, 1, 1, 1, 1, 1, 1, 1, 1, 1, 1, 1, 1, 1, 1, 1, 1, 1, 1, 1, 1, 1, 1, 1, 1, 1, 1, 1, 1, 1, 1, 1, 1, 1, 1, 1, 1, 1, 1, 1, 1, 1, 1, 1, 1, 1, 1, 1, 1, 1, 1, 1, 1, 1, 1, 1, 1, 1, 1, 1, 1, 1, 1, 1, 1, 1, 1, 1, 1, 1, 1, 1, 1, 1, 1, 1,
1]
[1, 1, 1, 1, 1, 1, 1, 1, 1, 1, 1, 1, 1, 1, 1, 0, 1, 1, 1, 1, 1, 1, 1, 1, 1, 1, 1, 1, 1, 1, 1, 1, 1, 1, 1, 1, 1, 1, 1, 1, 1, 1, 1, 1, 1, 1, 1, 1, 1, 1, 1, 1, 1, 1, 1, 1, 1, 1, 1, 1, 1, 1, 1, 1, 1, 1, 1, 1, 1, 1, 1, 1, 1, 1, 1, 1, 1, 1, 1, 1, 1, 1, 1, 1, 1, 1, 1, 1, 1, 1, 1, 1, 1, 1, 1, 1, 1, 1, 1,
1]
...
```

出现的最佳个体与本节第(4)步中输出的相同：

```
Best Ever Individual = [1, 1, 1, 1, 1, ...
```

从现在起，将在创建的所有程序中使用这些特性——statistics 和 logbook 对象、内置算法和名人堂。

3.9 算法参数设置实验

现在，可以对程序中的各种参数设置和定义进行实验，观察算法行为和结果的变化。

在下面的各节中，从原始程序设置开始，而后进行一个或多个更改。同时，也鼓励进行自定义修改，以及将多个修改合并到同一个程序中。

所做更改的效果可能仅针对某个特定问题，在上述例子中是一个简单的 OneMax，对于其他类型的问题可能是不同的。

3.9.1 种群规模与代数

将通过修改遗传算法使用的种群规模和迭代次数来开始实验：

(1) 种群的大小由 POPULATION_SIZE 常量决定。首先将该常量的值从 200 增加到 400：

```
POPULATION_SIZE = 400
```

这种修改加速了遗传算法的流程，这次在第 22 代就找到了最优解，如图 3-3 所示。

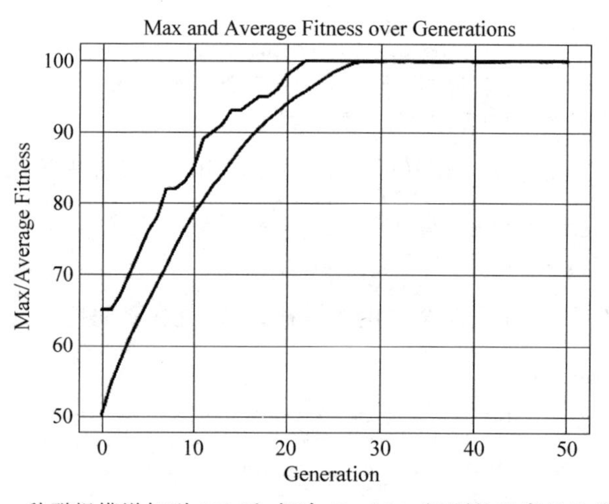

图 3-3 种群规模增加到 400 后，解决 OneMax 问题的程序的迭代曲线

(2) 试着将种群规模降低至 100：

```
POPULATION_SIZE = 100
```

这一改变减缓了算法的收敛速度，以至于在50代后依然没有达到最佳的适应度值，如图3-4所示。

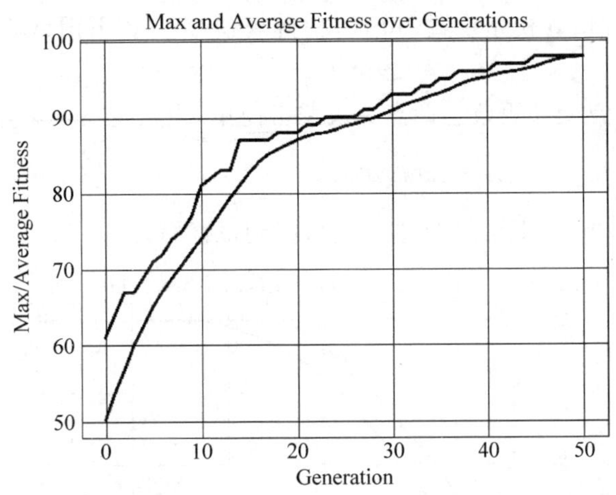

图3-4　降低种群规模至100后，解决OneMax问题的程序的迭代曲线

(3) 作为补偿，尝试将MAX_GENERATIONS的值增加到80：

```
MAX_GENERATIONS = 80
```

如图3-5所示，最优解在第68代出现了。

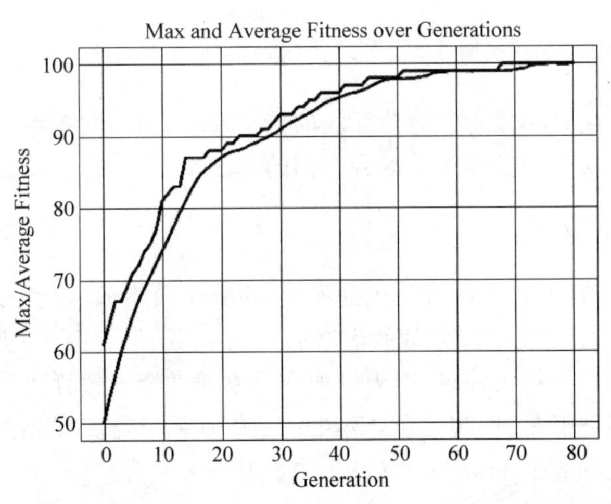

图3-5　将迭代次数增加至80，解决OneMax问题的程序的迭代曲线

这种行为是典型的基于遗传算法的解——增加种群规模仅需要更少的迭代次数就可获得一个解。但是，随着种群规模的增加，计算量和内存需求也在增加。通常希望找到一个适度的种群规模，以便在合理的时间内达成求解。

3.9.2 交叉算子

重设参数，更改并回到初始设置(50 代，种群规模 200)。下面试验交叉算子，它负责从父代个体中产生后代。

将交叉算子从单点交叉更改为两点交叉非常简单，现在定义交叉算子如下：

```
toolbox.register("mate", tools.cxTwoPoint)
```

如图 3-6 所示，该算法只需 27 次迭代就可找到最优解。

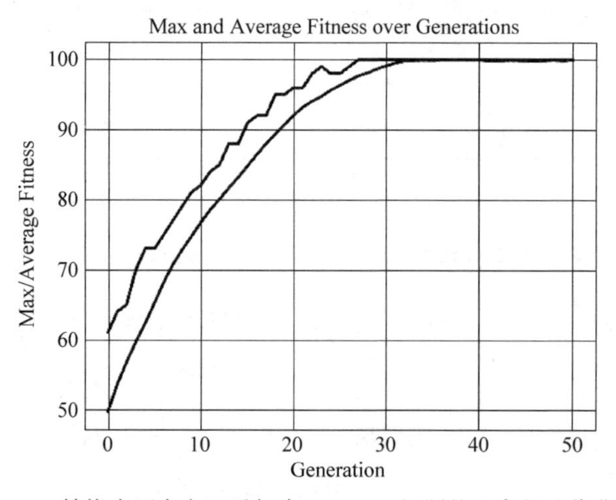

图 3-6　转换为两点交叉后解决 OneMax 问题的程序的迭代曲线

这是使用二进制字符串表示的遗传算法的典型现象，因为与单点交叉相比，两点交叉提供了一种更灵活的方法来组合双亲并混合它们的基因。

3.9.3 变异算子

现在再次重置更改，并进行变异算子的实验，该算子负责向后代引入随机修改。

(1) 首先将 P_MUTATION 常数的值增加到 0.9。结果如图 3-7 所示。

这一结果乍一看可能令人惊讶，因为增加变异率通常会导致算法行为不稳定，而在这里这种影响似乎不明显。但是，回想一下，算法中还有另一个与变异相关的参数 indpb，它是在这里使用的特定变异算子 mutFlipBit 的一个参数：

```
toolbox.register("mutate", tools.mutFlipBit, indpb = 1.0/ONE_MAX_LENGTH)
```

P_MUTATION 的值决定了个体被变异的概率，indpb 决定了给定个体中每个比特被反转的概率。程序中，将 indpb 的值设置为 1.0/ONE_MAX_LENGTH，这意味着在一个变异的个体中，平均会有一位被反转。对于 100 位长的 OneMax 问题，不管 P_MUTATION 常量值是多少，indpb 的值似乎都限制了变异的效果。

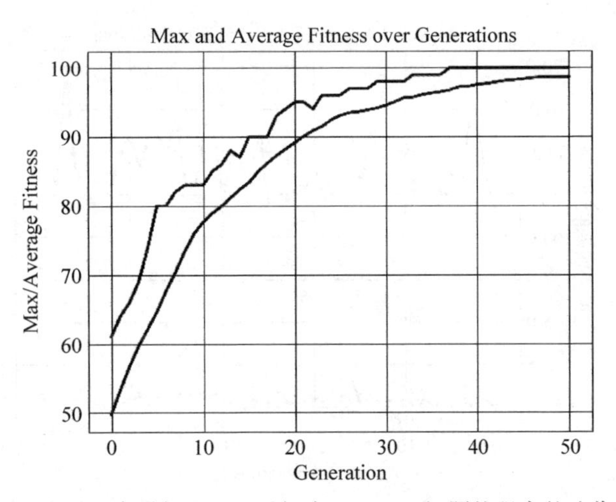

图 3-7 变异概率增加至 0.9 后解决 OneMax 问题的程序的迭代曲线

(2) 现在将 indpb 的值增大到 10 倍,如下所示:

```
toolbox.register("mutate", tools.mutFlipBit,
indpb = 10.0/ONE_MAX_LENGTH)
```

使用此值运行算法的结果有些不稳定,如图 3-8 所示。虽然一开始该算法能够改进结果,但它很快就会陷入振荡状态,而无法做出显著的改进。

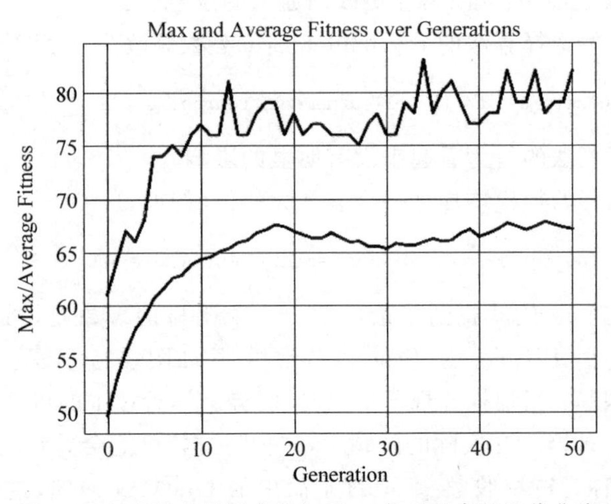

图 3-8 每比特变异概率增加到 10 倍后程序的迭代曲线

(3) 将 indpb 值进一步增加到 50.0/ONE_MAX_LENGTH,会导致如图 3-9 所示的看起来不稳定的图形。

从图 3-9 可以明显看出,遗传算法现在变成了一种随机搜索的等价物,它可能偶然地找到最优解,但它并没有在更好的解决方案方面取得任何进展。

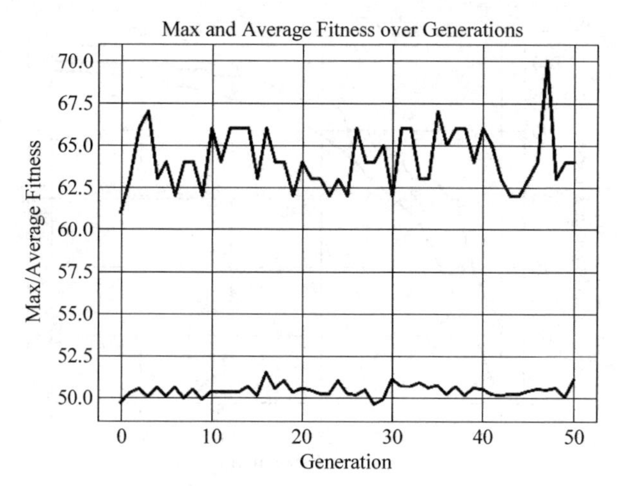

图 3-9 每比特变异概率增加到 50 倍后程序的迭代曲线

3.9.4 选择算子

接下来介绍**选择算子**。首先，改变锦标赛规模，看看这个参数和变异概率的组合效应；然后研究使用轮盘赌选择而不是锦标赛选择。

1. 锦标赛规模以及与变异概率的关系

在进行新的修改之前，首先将程序更改回原来的设置。

(1) 首先将锦标赛选择算法的 tournamentSize 参数修改为 2(而不是原来的 3)。

```
toolbox.register("select", tools.selTournament, tournsize = 2)
```

如图 3-10 所示，对于算法的行为看起来没有明显的影响。

(2) 如果将锦标赛的规模增加到一个非常大的值(例如，100)。

```
toolbox.register("select", tools.selTournament, tournsize = 100)
```

该算法性能良好，不到 40 代就找到了最优解。一个明显的现象是，“最大适应度值”(max fitness)与“平均适应度值”(average fitness)非常相似，如图 3-11 所示。

这种行为的原因是：当锦标赛规模增加时，弱势个体被选中的机会就会减少，而更好的解往往会“占据”整个种群。在实际的问题中，这种“占据”可能会导致次优解饱和，并阻碍找到最优解(这种现象称为**过早收敛**)。但对于简单的 OneMax 问题，这似乎不是一个问题。对此一种可能的解释是：变异算子提供了足够的多样性来保持解朝正确的方向移动。

(3) 为了验证这一解释，将变异概率降低为 0.01：

```
P_MUTATION = 0.01
```

如果再次运行该算法，可以看到，运行结果在算法开始后很快就停止了改进，然后以一个慢得多的速度，偶尔地进行改进，总体结果远比上一次运行差得多，如图 3-12 所示。

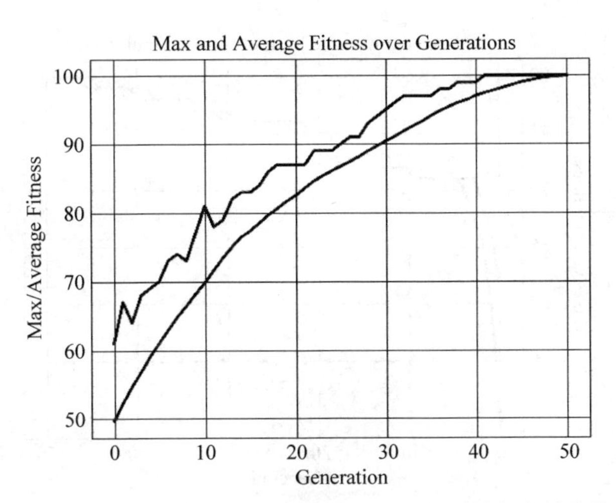

图 3-10 锦标赛规模降为 2 后，解决 OneMax 问题的程序的迭代曲线

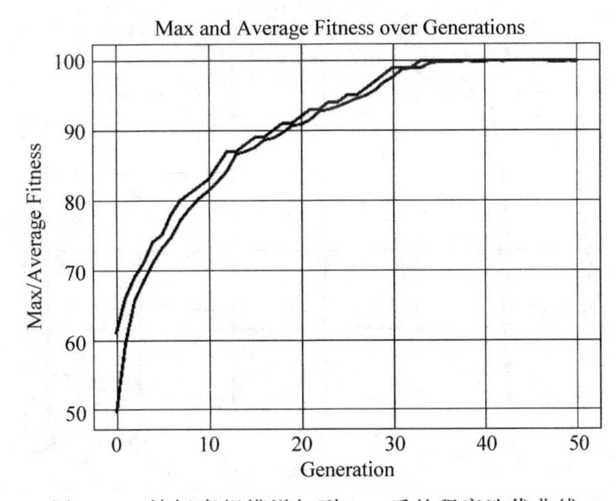

图 3-11 锦标赛规模增加到 100 后的程序迭代曲线

这种现象的原因是锦标赛规模大，从初始种群中选出的最佳个体在几代之内占据了种群，这表现在图中两条线一开始快速增长。然后，只有在正确的方向上(即从 0 到 1 反转)偶尔发生一个变异，才能创造出更好的个体，这在图中显示为红色曲线的跳跃[①]。不久之后，这个个体再次占据了整个种群，绿色的曲线赶上了红色的曲线。

(4) 为了使这种情况更加极端，可以进一步降低变异率：

```
P_MUTATION = 0.001
```

在图 3-13 中看到了同样的现象，但由于变异罕见，因此改进的情况非常少。

---

① 扫描二维码查看彩图。

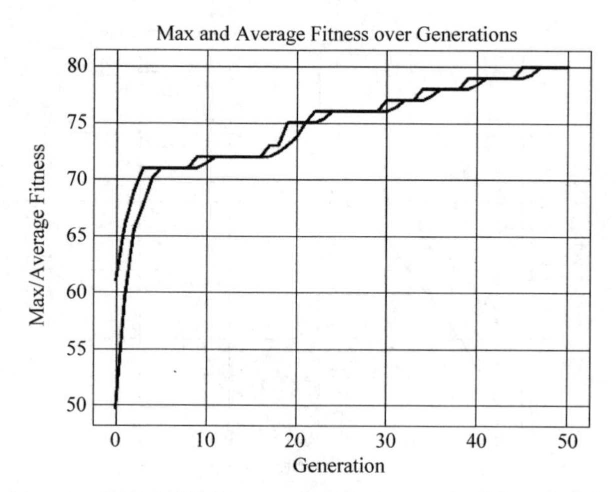

图 3-12　锦标赛规模为 100、变异概率 0.01 的程序迭代曲线

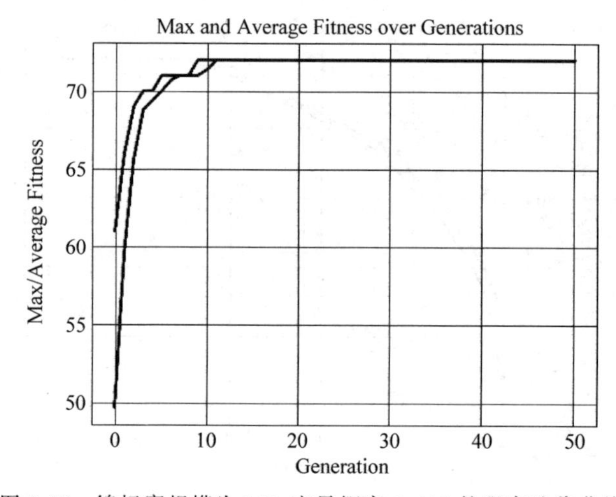

图 3-13　锦标赛规模为 100、变异概率 0.001 的程序迭代曲线

(5) 如果现在将迭代次数增加到 500 代，可以更清楚地看到这种行为，如图 3-14 所示。

(6) 出于好奇，再次将锦标赛规模改回 3，并将代数恢复到 50 代，保留小变异率：

```
MAX_GENERATIONS = 50
toolbox.register("select", tools.selTournament, tournsize = 3)
```

统计结果与原始图非常接近，如图 3-15 所示。

在这里，似乎也发生了“占据”，但时间很晚，大约在 30 代，当时最佳适应度值接近极大值 100。可以看出，一个更合理的变异概率将帮助我们找到最优解，就像设置的原始值一样。

2. 轮盘赌选择

现在回到初始参数设置，准备最后一个实验，接下来用第 2 章描述的轮盘赌选择来代替

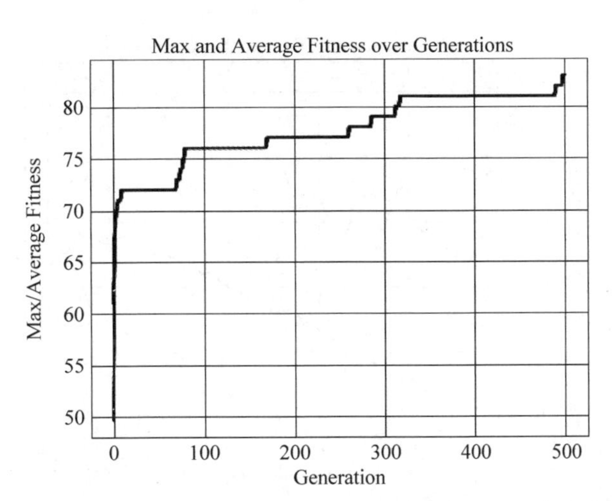

图 3-14 锦标赛规模为 100、变异概率 0.001、迭代次数为 500 的程序迭代曲线

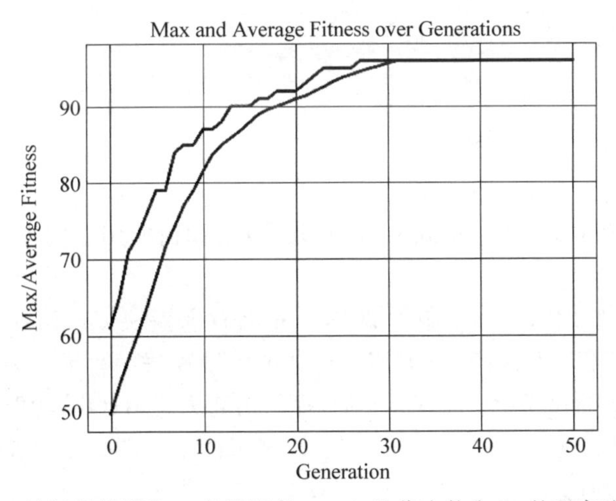

图 3-15 锦标赛规模为 3、变异概率 0.001、迭代次数为 50 的程序迭代曲线

锦标赛选择,替换方法如下:

```
toolbox.register("select", tools.selRoulette)
```

这种变化似乎对算法的结果有不利影响。如图 3-16 所示,在许多时间点,最优解会因选择而被遗忘,而最大适应度值会暂时降低,但是平均适应度值在不断增加。这是因为轮盘赌选择算法以与其适应度成比例的概率选择个体;当个体之间的差异相对较小时,与之前的锦标赛选择相比,较弱的个体被选中的机会更大。

为了弥补这种行为,可以使用第 2 章中提到的精英保留方法。这种方法允许一定数量的当代最优秀的个体无改变地遗传给下一代,并防止它们丢失。第 4 章将探讨使用 DEAP 库时应用精英保留方法。

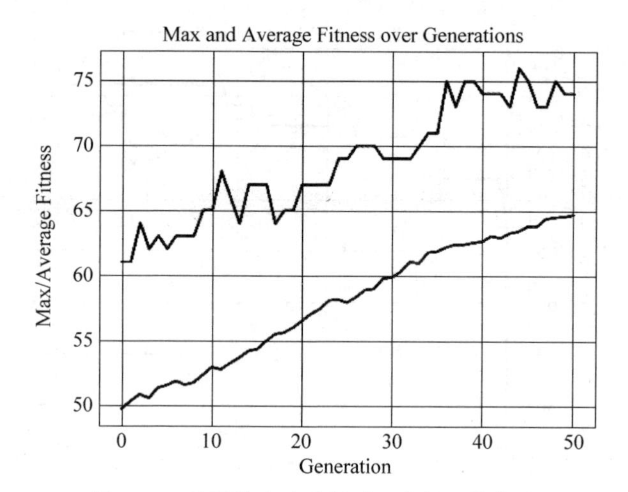

图 3-16　使用轮盘赌选择时程序的迭代曲线

小结

本章介绍了多功能进化计算框架 DEAP，本书的后续章节都是基于该框架使用遗传算法来解决问题。

首先了解 DEAP 的 creator 和 toolbox 模块，以及如何使用它们来创建遗传算法流程所需的各种组件。

然后，使用 DEAP 编写了两个版本的 Python 程序来解决 OneMax 问题，第一个版本完全实现了遗传算法流程，另一个版本利用了框架的内置算法编写了更为简洁的程序。此外，我们还在第三个版本的程序中介绍了 DEAP 提供的名人堂(HOF)功能。

最后对遗传算法的各种设置进行了实验，发现了改变种群大小以及修改选择算子、交叉算子和变异算子的影响。

第 4 章将在本章所学知识的基础上，开始使用基于 DEAP 的 Python 程序来解决现实生活中的组合优化问题，包括旅行商问题和车辆路径问题。

拓展阅读

[1] DEAP 文档[EB/OL]. https://deap.readthedocs.io/en/master/.
[2] DEAP 在 GitHub 上的源代码[EB/OL]. https://github.com/DEAP/deap.

第4章

组 合 优 化

本章将重点介绍如何应用遗传算法解决组合优化问题。首先，将从描述搜索问题和组合优化开始，并概述组合优化问题的几个实际例子。其次，分析这些问题，并将它们与在Python中使用DEAP框架求解的过程进行匹配。然后，将讨论的优化问题是著名的背包问题、**旅行商问题**（**Traveling Salesman Problem，TSP**）和**车辆路径问题**（**Vehicle Routing Problem，VRP**）。最后，讨论基因型到表现型的映射和探索（exploration）与开发（exploitation）的主题。

本章主要涉及以下主题：

- 理解搜索问题和组合优化的本质；
- 使用DEAP框架下的遗传算法求解背包问题；
- 使用DEAP框架下的遗传算法求解TSP；
- 使用DEAP框架下的遗传算法求解VRP；
- 理解基因型到表现型映射；
- 熟悉探索与开发的概念及其与精英保留的关系。

4.1 技术要求

0-1背包问题

本章将在Python 3中使用以下库：deap、numpy、matplotlib和seaborn。另外，将使用来自Rosetta Code网站的0-1背包问题以及TSP LIB的标准测试数据。

TSP LIB

4.2 搜索问题和组合优化

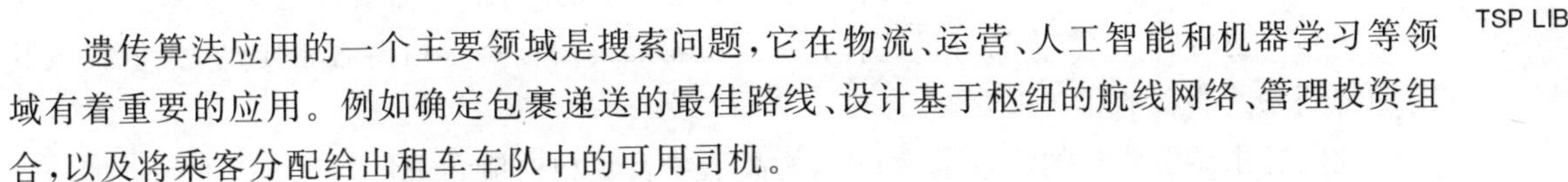

遗传算法应用的一个主要领域是搜索问题，它在物流、运营、人工智能和机器学习等领域有着重要的应用。例如确定包裹递送的最佳路线、设计基于枢纽的航线网络、管理投资组合，以及将乘客分配给出租车车队中的可用司机。

搜索算法侧重于通过对状态和状态转换的系统评估来解决问题，旨在找到从初始状态到理想最终（或目标）状态的路径。通常情况下，每一次状态转移都会涉及一个代价或收益，相应的搜索算法的目标是找到一条使代价最小或收益最大的路径。由于最优路径是许多可能路径中的一个，所以这种搜索与组合优化有关，该主题涉及从有限的，但通常是非常大的一组可能对象中查找最佳对象。

这些概念将在学习背包问题时加以说明，这是4.3节的重点。

4.3 求解背包问题

思考一个熟悉的情形，长途旅行打包时想随身携带的物品很多，但行李箱容量有限。在你的心目中，每件物品都有一定的价值，它们会为你的旅行增加价值；同时，每件物品都有一个尺寸(和重量)，每件物品都会与其他物品争夺行李箱中的可用空间。这种情况只是背包问题的实际例子之一，背包问题被认为是最古老和研究最多的组合搜索问题之一。

更确切地说，背包问题由以下部分组成：

(1) 一组物品，每一个物品都有一定的价值和一定的重量。

(2) 有确定承重量的袋子/麻袋/容器(背包)。

目标是在不超过背包承重量的情况下，选出一组物品，使选择物品的总价值最大。

在搜索算法的环境中，物品的每个子集代表一个状态，所有可能的物品子集集合被视为**状态空间**。以 n 个物品0-1背包问题为例，状态空间的大小为 2^n，即使 n 值不大，状态空间也会迅速变大。

在背包问题的这个(原始)版本中，每个物品只能包含一次，或者根本不包含，因此它有时被称为0-1背包问题。它也可以扩展到其他变体中，例如，可以多次包含项目(有限或无限)，或者存在多个容量不同的背包。

现实中背包问题的应用会在许多涉及资源分配和决策的过程中出现，例如在建立投资组合时选择投资，在削减原材料时尽量减少浪费，以及在限时测验中选择回答哪些问题能够获得最大的收益。

这里举个有名的例子说明背包问题的解决。

4.3.1 Rosetta Code 0-1 背包问题

Rosetta Code网站(rosettacode.org)提供一系列编程任务，每个任务都有多种语言的解决方案。其中一项任务是0-1背包问题。在这个问题中，游客需要决定为周末旅行打包哪些物品。游客有22个物品可供选择；每一个物品的价值都是由游客指定的，价值代表其对即将到来的旅程的相对重要性。

此问题中游客背包的承重量为400，物品清单及其相关值和重量如表4-1所示。

表 4-1 物品清单及其相关值和重量

物 品	重 量	价 值
地图	9	150
指南针	13	35
水	153	200
三明治	50	160
葡萄糖	15	60
罐头	68	45
香蕉	27	60
苹果	39	40
奶酪	23	30
啤酒	52	10
防晒霜	11	70
相机	32	30
T 恤衫	24	15
裤子	48	10
雨伞	73	40
防水裤子	42	70
防水外套	43	75
钱包	22	80
太阳镜	7	20
毛巾	18	12
袜子	4	50
书	30	10

在开始解决这个问题之前，需要讨论一个重要的问题——如何表示一个可行的解？

4.3.2 解的表示

当求解 0-1 背包问题时，一种表示解的简单方法是使用二进制列表。该列表中的每个条目都对应于问题中的一个物品。对于 Rosetta Code 问题，则可以使用值为 0 或 1 的 22 个整数列表来表示解。值 1 表示选择了相应的物品，而值 0 表示尚未选择该物品。当使用遗传算法求解问题时，使用这个二进制值列表表示染色体。

然而，必须记得，所选物品的总重量不能超过背包的容量。将此限制纳入解中的一种方法是：在它被评估的时候，我们通过累加所选物品的重量来进行评估，同时忽略任何会导致累积重量超过最大允许值的物品组合。从遗传算法的角度来看，这意味着个体（**基因型**）的染色体表示在转化为实际解（**表现型**）时可能不会完全表达自己，因为染色体中的一些 1 值可能会被忽略。这种情况有时被称为“基因型到表现型的映射”。

刚刚讨论的解表示将在 4.3.3 节中描述的 Python 类中实现。

4.3.3 Python 问题表示

为了封装 Rosetta Code 0-1 背包问题，创建了一个名为 Knapsack01Problem 的 Python 类。此类包含在 knapsack.py 文件中，可在本书的示例代码中查看。

这个类提供了以下方法。

(1) __init_data()：通过创建元组列表初始化 RosettaCode.org 网站中 0-1 背包问题数据。每个元组包含一个物品的名称、重量和价值。

(2) getValue(zeroOneList)：计算列表中所选物品的价值，同时忽略将导致累积重量超过最大允许重量的物品。

(3) printItems(zeroOneList)：输出列表中选定的物品，同时忽略将导致累积重量超过最大允许重量的物品。

在该类的 main 方法中创建 Knapsack01Problem 类的实例，然后创建一个随机的解并输出相关信息。如果将此类作为独立的 Python 程序运行，则示例输出可能如下所示：

```
Random Solution = [1 1 1 1 1 0 0 0 0 1 1 1 0 1 0 0 0 1 0 0 0 0]
- Adding map: weight = 9, value = 150, accumulated weight = 9, accumulated value = 150
- Adding compass: weight = 13, value = 35, accumulated weight = 22, accumulated value = 185
- Adding water: weight = 153, value = 200, accumulated weight = 175, accumulated value
= 385
- Adding sandwich: weight = 50, value = 160, accumulated weight = 225, accumulated value =
545
- Adding glucose: weight = 15, value = 60, accumulated weight = 240, accumulated value
= 605
- Adding beer: weight = 52, value = 10, accumulated weight = 292, accumulated value = 615
- Adding suntan cream: weight = 11, value = 70, accumulated weight = 303, accumulated value
= 685
- Adding camera: weight = 32, value = 30, accumulated weight = 335, accumulated value = 715
- Adding trousers: weight = 48, value = 10, accumulated weight = 383, accumulated value
= 725
- Total weight = 383, Total value = 725
```

请注意，在随机解中最后出现的 1，代表钱包，它成为 4.3.2 节中讨论的基因型到表现型映射的牺牲品。由于该物品的重量为 22，这将导致总重量超过 400，因此该物品未包含在解中。

自然，这种随机的解远不是最优的。接下来用遗传算法来寻找这个问题的最优解。

4.3.4 遗传算法的解

为了使用遗传算法解决 0-1 背包问题，这里编写了名为 01-solve-knapsack.py 的 Python 程序，此程序可在本书提供的示例代码中查看。

在这里使用的是一个值为 0 或 1 的整数列表来表示染色体。从遗传算法的角度看，这使得此问题类似于上一章解决的 OneMax 问题。遗传算法不关心染色体代表什么（表现型)——一系列要打包的物品、一些布尔方程系数,或者只是一些二进制数——它只关心染色体本身(基因型)和染色体的适应度数值。染色体到它所代表的解的映射是由适应度评估函数来完成的,该函数是在遗传算法之外实现的。在该例子中,染色体映射和适应度值计算是由 getValue()方法实现的,该方法封装在 Knapsack01Problem 类中。

由此可见,可以使用与解决 OneMax 问题相同的遗传算法来实现,只需进行一些优化。

求解步骤要点如下。

(1) 创建要解决的背包问题的实例:

```
knapsack = knapsack.Knapsack01Problem()
```

(2) 让遗传算法使用该实例的 getValue()方法进行适应度评估:

```
def knapsackValue(individual):
    return knapsack.getValue(individual),
toolbox.register("evaluate", knapsackValue)
```

(3) 这里使用的遗传算子与二进制染色体列表一致:

```
toolbox.register("select", tools.selTournament, tournsize = 3)
toolbox.register("mate", tools.cxTwoPoint)
toolbox.register("mutate", tools.mutFlipBit,
indpb = 1.0/len(knapsack))
```

(4) 一旦遗传算法停止运行,就可以使用 printItems()方法将找到的最优解显示出来:

```
best = hof.items[0]
print(" -- Knapsack Items = ")
knapsack.printItems(best)
```

(5) 还可以优化遗传算法的一些参数。由于该问题使用了一个长度为 22 的二进制字符串,它比之前解决的长度为 100 的 OneMax 问题更容易,因此,可以减少种群规模和最大代数。将该算法运行 50 代,种群规模为 50,得到如下结果:

```
-- Best Ever Individual = [1, 1, 1, 1, 1, 0, 1, 0, 0, 0, 1, 0,0, 0, 0, 1, 1, 1, 1, 0, 1, 1]
-- Best Ever Fitness = 1030.0
-- Knapsack Items =
- Adding map: weight = 9, value = 150, accumulated weight = 9, accumulated value = 150
- Adding compass: weight = 13, value = 35, accumulated weight = 22, accumulated value = 185
- Adding water: weight = 153, value = 200, accumulated weight = 175, accumulated value = 385
- Adding sandwich: weight = 50, value = 160, accumulated weight = 225, accumulated value = 545
- Adding glucose: weight = 15, value = 60, accumulated weight = 240, accumulated value = 605
- Adding banana: weight = 27, value = 60, accumulated weight = 267, accumulated value = 665
- Adding suntan cream: weight = 11, value = 70, accumulated weight = 278, accumulated value = 735
- Adding waterproof trousers: weight = 42, value = 70, accumulated weight = 320,
accumulated value = 805
- Adding waterproof overclothes: weight = 43, value = 75, accumulated weight = 363,
```

```
accumulated value = 880
 - Adding note - case: weight = 22, value = 80, accumulated weight = 385, accumulated value = 960
 - Adding sunglasses: weight = 7, value = 20, accumulated weight = 392, accumulated value = 980
 - Adding socks: weight = 4, value = 50, accumulated weight = 396, accumulated value = 1030
 - Total weight = 396, Total value = 1030
```

总价值 1030 是该问题的已知最优解。可以看到，在最佳个体的染色体上最后出现的 1 代表 book 这个物品，在映射到实际解时没有被选中，以保证累积重量不超过 400。

图 4-1 中描述了各代的最大适应度值和平均适应度值，图中显示了在不到 10 代的时间内找到了最优解。

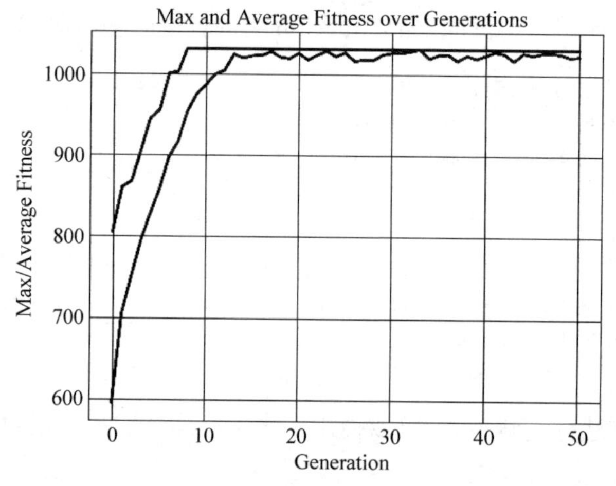

图 4-1 解决 0-1 背包问题的程序迭代曲线

4.4 节将改变策略，处理更复杂的经典组合搜索问题——TSP 问题。

4.4 求解 TSP 问题

假设一个小型的物流中心使用一辆车向一系列客户投递包裹，需要将包裹送达所有客户，然后返回起点，问车辆的最佳路线是什么？这是经典 TSP 问题的一个例子。

TSP 问题可以追溯到 1930 年，从那时起，它一直是优化问题中研究最深入的课题之一，并经常被用来测试优化算法。

这个问题有很多变体，但它最初是基于一个旅行推销员，需要旅行到几个城市："给出一张城市列表和每对城市之间的距离，找出穿过所有城市的最短路径，然后返回起始城市。"

使用组合数学，可发现当给定 n 个城市时，穿过所有城市的可能路径数是 $(n-1)!/2$。图 4-2 给出了德国 15 个大城市的旅行商问题的最短路径。在 $n=15$ 的情况下，可能的路线数是 14!/2 种，其结果为惊人的 43 589 145 600。

在搜索算法中，通过城市的每条路径（或部分路径）代表一个状态，所有可能路径的集合

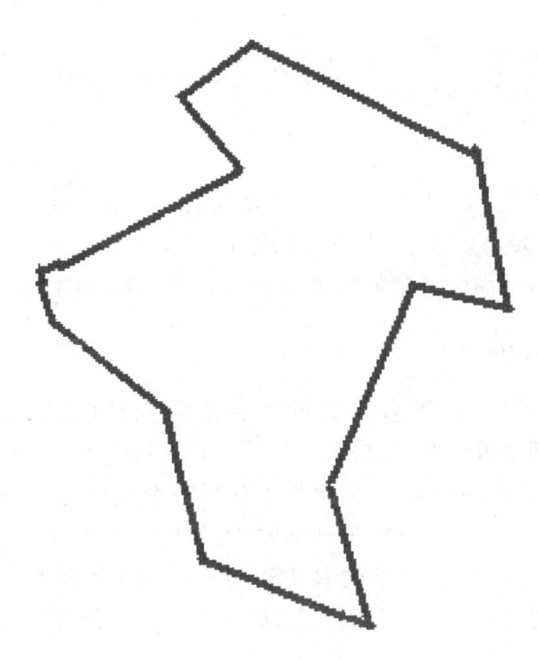

图 4-2 德国 15 个最大城市的最短 TSP 路径

（来源：https：//commons. wikimedia. org/wiki/File：TSP_Deutschland_3. png 图片由 Kapitän Nemo 制作。已发布到公共领域）

被视为状态空间。每一条路径都有一个相应的代价，即路径的长度(距离)，我们需要寻找一条能使这个距离最小化的路径。

即使对于数量不太多的城市，其状态空间也非常大，这使得评估每一条可能路径的成本过高。因此，找到一条贯穿所有城市的路径很容易，但找到最佳路径非常困难。

4.4.1 TSPLIB 基准文件

TSPLIB 是一个包含基于城市实际地理位置的 TSP 问题库，该库由海德堡大学维护。每个问题的最佳距离可以扫描二维码查看。

TSP 问题的最佳距离

TSPLIB 示例包含在一个基于文本的、以空格分隔的数据文件中。一个典型的文件包含几个信息行，后跟城市数据。一般更推荐包含参与城市的 x，y 坐标的文件，这样就可以形象化地标定城市的位置，例如，如下所示的 burma14. tsp 文件(为了简洁起见，这里省略了一些行)：

```
NAME: burma14
TYPE: TSP
...
NODE_COORD_SECTION
    1  16.47     96.10
    2  16.47     94.44
    3  20.09     92.54
```

```
    ...
    12  21.52      95.59
    13  19.41      97.13
    14  20.09      94.55
EOF
```

注意 NODE_COORD_SECTION 和 EOF 之间的行。在某些文件中，使用 DISPLAY_DATA_SECTION 而不是 NODE_COORD_SECTION。

在解决样例问题前，还需弄清楚如何表示一个潜在的解，如 4.4.2 节所示。

4.4.2 解的表示

求解 TSP 时，城市通常用 0～(n－1)的数字表示，可能的解是这些数字的有序排列。例如，一个 5 个城市的问题可以有[0,1,2,3,4]、[2,4,3,1,0]等形式的解。每个解都可以通过累加每两个相邻城市之间的距离，然后再加上最后一个城市与第一个城市之间的距离来评估。因此，当使用遗传算法方法来解决问题时，可使用一个相似的整数列表作为染色体。

4.4.3 节中描述的 Python 类能够读取 TSPLIB 文件的内容并计算每对城市之间的距离。此外，它还能够使用刚讨论过的列表表示法，计算给定的潜在解所需的总距离。

4.4.3 Python 问题表示

为了封装 TSP，创建了一个名为 TravelingSalesmanProblem 的 Python 类。此类包含在 tsp.py 文件中，可在提供的示例代码中查看。该类提供以下私有方法。

(1) __create_data()：从 Internet 上读取所需的 TSPLIB 文件，提取城市坐标，计算每两个城市之间的距离，并使用它们填充距离矩阵(二维数组)。然后使用 pickle 工具序列化城市位置以及将计算出来的距离存到磁盘中。

(2) __read_data()：读取序列化数据，如果不可用，则调用 create_data()来准备。

这些方法由构造函数在内部调用，因此一旦创建实例，数据就被初始化。

此外，该类还提供以下公共方法。

(1) getTotalDistance(indices)：计算由给定城市索引描述路径的总距离。

(2) plotData(indices)：绘制给定城市索引所描述的路径。

该类的 main 方法执行了刚才提到的类方法，首先创建 bayg29 问题(巴伐利亚州的 29 个城市)，然后计算最优解的距离(详见 http://elib.zib.de/pub/mp-testdata/tsp/tsplib/tsp/bayg29.opt.tour)，最后把路径绘制出来。因此，如果将这个类作为独立的 Python 程序运行，则输出如下：

```
Problem name: bayg29
Optimal solution = [0, 27, 5, 11, 8, 25, 2, 28, 4, 20, 1, 19, 9, 3, 14, 17,13, 16, 21, 10, 18,
24, 6, 22, 7, 26, 15, 12, 23]
Optimal distance = 9074.147
```

最优解的路径如图 4-3 所示。

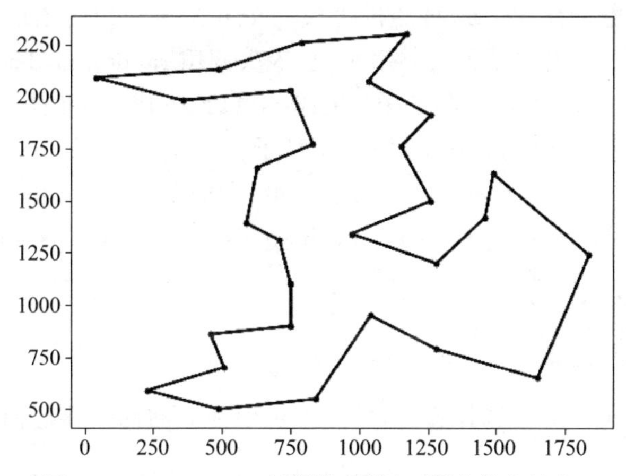

图 4-3　bayg29 TSP 问题的最优解(圆点代表城市)

4.4.4 节将尝试使用遗传算法获得这个最优解。

4.4.4　遗传算法的解

由于首次尝试使用遗传算法解决 TSP，这里首先创建了名为 02-solve-tsp-first-attempt.py 的 Python 程序，可在提供的示例代码中查看。

解决方案主要分为以下几步。

(1) 程序首先创建 bayg29 问题的实例，如下所示：

```
TSP_NAME = "bayg29"
tsp = tsp.TravelingSalesmanProblem(TSP_NAME)
```

(2) 定义适应度策略。在这个问题中希望最小化距离，通过使用单个负权重来定义这个单目标最小化 Fitness 类：

```
creator.create("FitnessMin", base.Fitness, weights = ( - 1.0,))
```

(3) 为遗传算法选择的染色体是从 0～($n-1$)的整数列表，其中 n 是城市的数量，整数值代表城市索引。例如，前面看到的 bayg29 问题的最优解可用以下染色体表示：(0, 27, 5, 11, 8, 25, 2, 28, 4, 20, 1, 19, 9, 3, 14, 17, 13, 16, 21, 10, 18, 24, 6, 22, 7, 26, 15, 12, 23)。下面的代码段负责实现这个染色体。具体解释如下：

```
creator.create("Individual", array.array, typecode = 'i', fitness = creator.FitnessMin)
toolbox.register("randomOrder", random.sample, range(len(tsp)), len(tsp))
toolbox.register ( " individualCreator ", tools. initIterate, creator. Individual, toolbox.
randomOrder)
toolbox.register("populationCreator", tools.initRepeat, list, toolbox.individualCreator)
```

首先创建 Individual 类，此类继承一个整数数组，并用 FitnessMin 类扩充它。再执行 randomOrder 操作，用来提供在 TSP 问题的长度(城市数量，或 n)定义范围内调用

random.sample()函数的结果。这将随机生成一个 0～(n－1)的索引列表。接下来，创建 IndividualCreator 算子。当该算子被调用时，它依次调用 randomOrder 操作迭代产生结果，以创建一个由城市索引列表组成的有效染色体。最后，生成一个使用 IndividualCreator 算子产生每个个体的列表，即 populationCreator 算子。

(4) 实现了染色体后，接下来应该定义适应度评估函数。这是由 tspDistance()函数实现的，该函数直接使用 TravelingSalesmanProblem 类的 getTotalDistance()方法：

```
def tpsDistance(individual):
    return tsp.getTotalDistance(individual), # return a tuple
toolbox.register("evaluate", tpsDistance)
```

(5) 定义遗传算子。对于选择算子，可使用规模为 3 的锦标赛选择，就像之前的例子中所做的那样：

```
toolbox.register("select", tools.selTournament, tournsize = 3)
```

(6) 在选择交叉和变异算子之前，需要记住，使用的染色体不仅仅是一个整数列表，而是一个代表城市顺序的有序列表，因此不能将两个列表的部分混合在一起，也不能随意更改列表中的某个索引。相反，需要使用专门设计的算子来生成有效的索引列表。第 2 章研究了有序交叉算子，这里使用此算子的 DEAP 实现：

```
toolbox.register("mate", tools.cxOrdered)
toolbox.register("mutate", tools.mutShuffleIndexes,
                                    indpb = 1.0/len(tsp))
```

(7) 调用遗传算法流程，使用 DEAP 内置的默认 eaSimple 算法，以及 stats 和 halloffame 对象来提供显示的信息：

```
population, logbook = algorithms.eaSimple(population, toolbox,
                                  cxpb = P_CROSSOVER,
                                  mutpb = P_MUTATION,
                                  ngen = MAX_GENERATIONS,
                                  stats = stats,
                                  halloffame = hof,
                                  verbose = True)
```

使用出现在文件顶部的常量值(种群大小为 300、迭代次数为 200、交叉概率为 0.9、变异概率为 0.1)运行此程序将得到以下结果：

```
-- Best Ever Individual = Individual('i', [0, 27, 11, 5, 20, 4, 8, 25, 2, 28, 1, 19, 9, 3, 14,
17, 13, 16, 21, 10, 18, 12, 23, 7, 26, 22, 6, 24, 15])
-- Best Ever Fitness = 9549.9853515625
```

找到的最佳适应度值(9549.98)与已知的最佳距离 9074.14 相差不太大。程序生成两个绘图，图 4-4 的曲线说明了在运行过程中找到的最优解的路径。图 4-5 显示了遗传算法流程的统计数据。这次选择收集最小适应度值的数据，而不是极大值，因为此问题的目标是最小化距离。

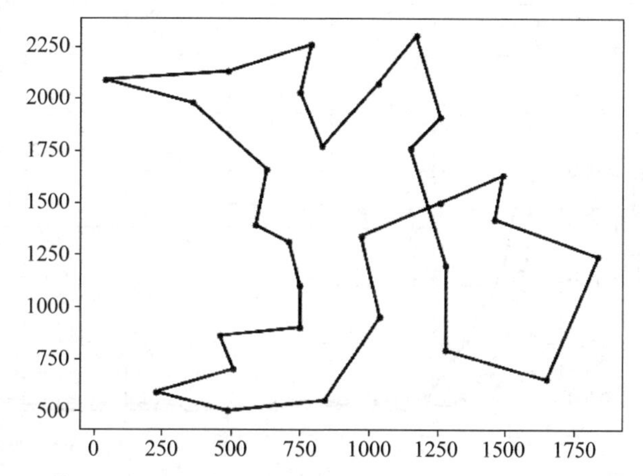

图 4-4　第一个试图解决 bayg29 TSP 的程序找到的最优解的路径图

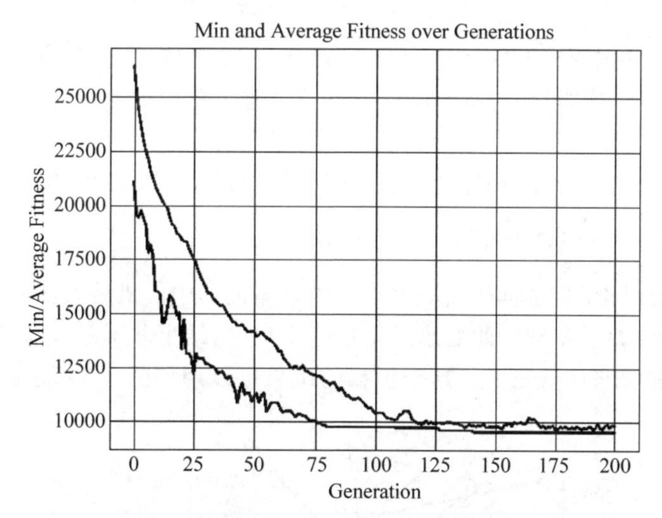

图 4-5　第一个尝试解决 bayg29 TSP 的程序的统计信息

虽然，已经找到了一个较好的解，但不是最好的那个，我们可以尝试寻找改进结果的方法。例如，可以尝试改变种群规模、迭代次数和概率。也可以用其他兼容的算子代替遗传算子。还可以更改随机种子来查看对结果的影响，或者使用不同的种子进行多次运行。4.4.5 节将尝试使用精英保留与强化探索相结合的方法来改进我们的结果。

4.4.5 使用强化探索和精英保留来改进结果

如果尝试在上一个程序中增加迭代次数，会发现解并没有改善，将陷入次优的解中，该方案是在第 200 代之前达到的，图 4-6 所示显示了 500 代。

从达到次优解时起，平均值和最佳值之间的相似性表明这个解占据了整个种群，因此除

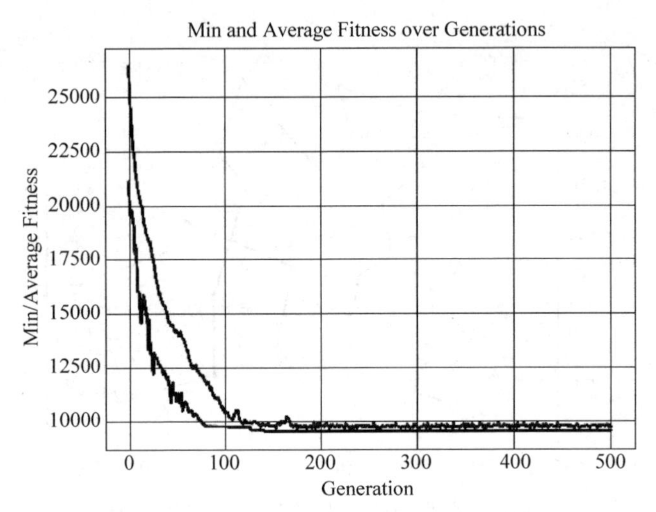

图 4-6　第一个程序运行了 500 代的统计信息

非出现幸运变异，否则我们不会看到任何改进。用遗传算法来说，这意味着“**开发**”(**exploitation**)压倒了“**探索**”(**exploration**)。“开发”通常意味着利用现有成果，而“探索”则强调寻找新的解决办法。在两者之间达成微妙的平衡可以带来更好的结果。

增加探索的一种方法是将锦标赛选择的锦标赛规模从 3 个减少到 2 个：

```
toolbox.register("select", tools.selTournament, tournsize = 2)
```

正如第 2 章所讨论的，这将增加不太成功的个体被选中的机会，这些个体可能是未来更好解的关键。但是，如果在进行此更改后运行这个程序，结果并不令人满意：最佳适应度值超过 13000，最优解如图 4-7 所示。这个糟糕的结果可以用如图 4-8 所示的统计图说明。

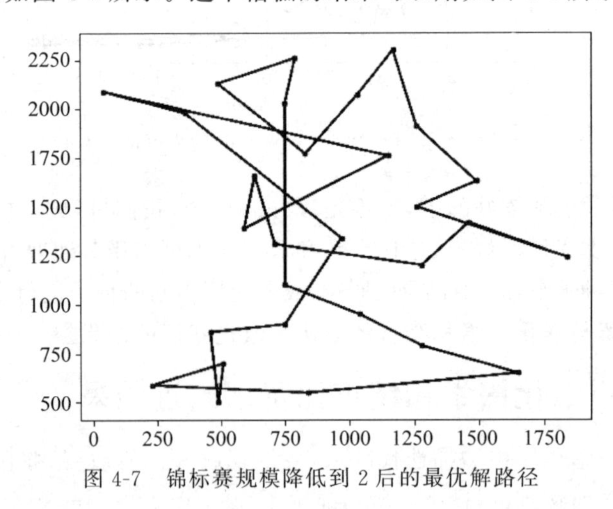

图 4-7　锦标赛规模降低到 2 后的最优解路径

从如图 4-8 所示的嘈杂的图表可以看出，适应度在好和坏之间频繁跳变，由于采用了过

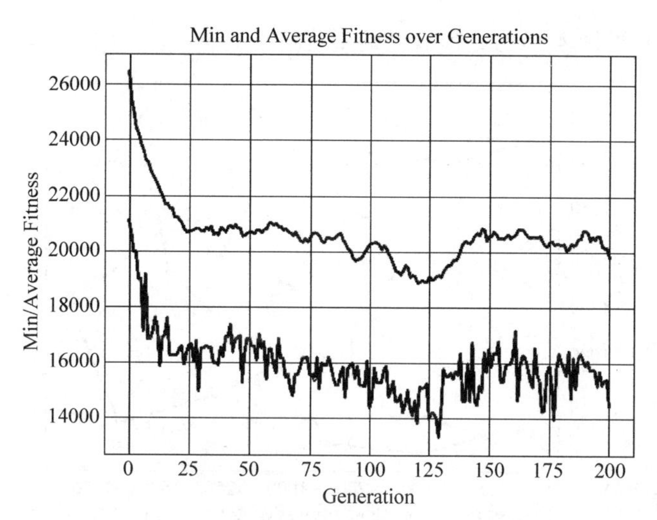

图 4-8 锦标赛规模降低到 2 的程序统计

于宽容的选择策略,导致较少的方案被选择,这就使得好的解可能很快就丢失了。这意味着探索走得太远了,为了平衡,需要引入一种对探索进行测量的机制,这可以使用第 2 章介绍的**精英保留**机制。

精英保留能够保持最优解的完整性,让它们在遗传流程中跳过选择、交叉和变异的遗传操作。要实施精英保留,就得深入代码,修改 DEAP 框架的 algorithms. eaSimple()算法,因为框架没有提供直接跳过所有 3 个算子的方法。修改后的算法称为 easimpleWithism(),可以在 elitism. py 文件中找到。

easimpleWithilitism()方法与原始的 eaSimple()方法类似,现在添加了 halloffame 对象用于实现精英机制。halloffame 对象中包含的个体被直接注入下一代,而不受选择、交叉和变异等遗传操作的影响。以下为修改的部分:

(1) 不再选择数量与种群数量相等的个体,而是种群数量减去名人堂中的个体的数量:

```
offspring = toolbox.select(population, len(population) - hof_size)
```

(2) 在应用了遗传算子之后,名人堂的个体被重新加入到种群中:

```
offspring.extend(halloffame.items)
```

现在可以使用 elitism. eaSimpleWithElitism()替换对 algorithms. eaSimple()的调用,不更改任何参数。然后,将常量 HALL_OF_FAME_SIZE 设为 30,这意味着将始终保留种群中最好的 30 个个体。修改后的 Python 程序 03-solve-tsp. py 可在提供的示例代码中查看。

运行新程序,即可获得最优解:

```
-- Best Ever Individual = Individual('i', [0, 23, 12, 15, 26, 7, 22, 6, 24, 18, 10, 21, 16, 13,
17, 14, 3, 9, 19, 1, 20, 4, 28, 2, 25, 8, 11, 5, 27])
-- Best Ever Fitness = 9074.146484375
```

此解的路径图(见图 4-9)与之前看到的最优解图相同。

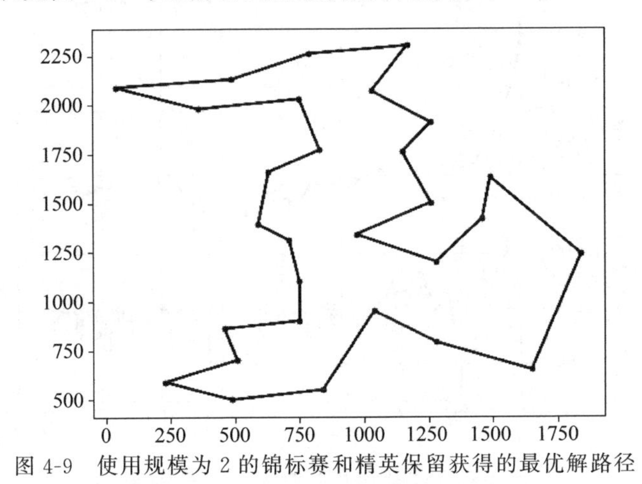

图 4-9 使用规模为 2 的锦标赛和精英保留获得的最优解路径

图 4-10 给出了统计图中,消除了之前观察到的统计数据中的波动。与最初的尝试相比,还能够让平均值和最佳值之间保持相同距离的时间更长:

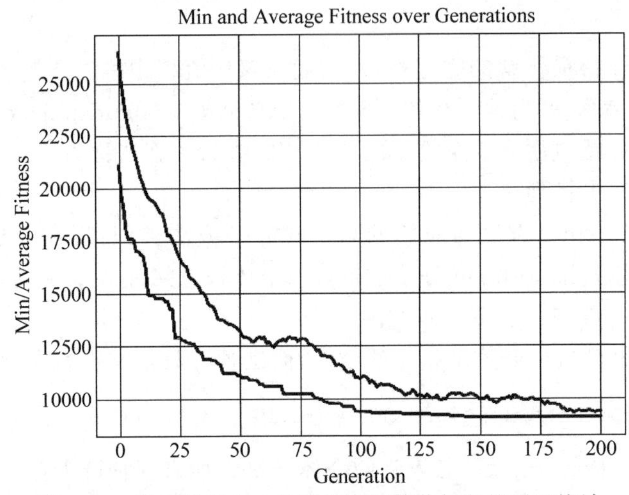

图 4-10 使用规模为 2 的锦标赛和精英保留的项目统计

4.5 节将研究**车辆路径问题(VRP)**,它为刚刚解决的问题增加了一个有趣的转折点。

4.5 求解 VRP 问题

假设您现在管理一个更大的物流中心,仍然需要向列表中的客户投递包裹,但现在有一个由多辆车组成的车队可供使用。那么,使用这些车辆向客户投递包裹的最佳路线是什么?

这是 VRP 的一个例子,是 4.4 节描述的 TSP 的一个拓展。一个基本的 VRP 通常由以下 3 部分组成。

（1）需要送货的地址列表。

（2）车辆数量。

（3）仓库的位置，每辆车的起点和终点。

这个问题有很多不同延伸拓展，例如仓库位置、交货时间、不同类型的车辆（容量和燃油消耗量不同）等。问题的目标是使成本最小化，这也可以用许多不同的方式来定义，例如，尽可能减少运送所有包裹所需的时间、最小化燃料成本或使所用车辆之间的行程时间差异最小化。

图 4-11 显示了带有 3 辆车的 VRP 的图示。城市用黑点标出，仓库位置用一个空正方形标出，3 辆车的路线用 3 种不同的颜色标出。

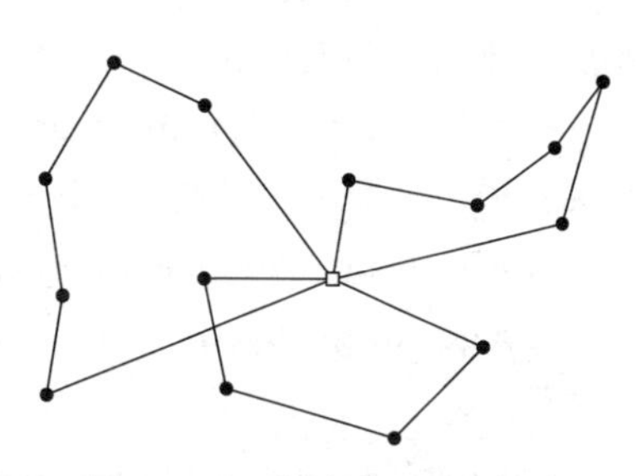

图 4-11　3 辆车的 VRP 例子

在该示例中，目标是优化交付所有包裹所需的时间。由于所有车辆同时运行，该值由行驶最长路线的车辆确定。因此，可以将参与车辆路线中最长路线的长度最小化作为目标。例如，如果有 3 辆车，每个解包括 3 条路线。评估所有路线，然后只考虑其中最长的一个来评分——路线越长，得分越差。这将内在地鼓励所有 3 条路线缩短，并且在规模上彼此更接近。

由于这两个问题之间的相似性，可以利用之前编写的求解 TSP 的代码来求解 VRP。在求解 TSP 的基础上，可以将车辆路径表示如下：

（1）TSP 实例，即城市及其坐标（或相互距离）的列表。

（2）仓库位置，从现有城市中选择并用该城市的索引号表示。

（3）使用的车辆数量。

下面两节将讨论具体的解决方案。

4.5.1　解的表示

现在需要解决的第一个问题是如何表示这个问题的解。首先，保持与之前解决 TSP 的相似性；然后，创造性地使用一个包含 0～[(n－1)＋(m－1)]的数字的列表来表示一个解，其中，n 是 TSP 中的城市数量，m 是车辆数量。例如，如果城市数为 10，车辆数为 3(n＝10，m＝3)，将得到一个包含 0～11 的所有整数的列表：(1, 3, 4, 6, 11, 9, 7, 2, 10, 5, 8, 0)。

前 n 个整数（本例中是 0～9）和以前一样仍然代表城市，而最后的(m－1)整数（本例中是 10 和 11）将用作分隔符，将列表分解为路径。例如，(1,3,4,6,**11**,9,7,2,**10**,5,8,0)将被分解为以下 3 条路径：(1,3,4,6)、(9,7,2)、(5,8,0)。

接下来，删除仓库位置的索引，因为它不是送货地址的一部分。例如，如果仓库位置是索引 7，则生成的路线为(1,3,4,6)、(9,2)、(5,8,0)。

在计算每条路线所覆盖的距离时，需要记住每条路线的起点和终点都在仓库位置(7)。

因此，在计算距离和绘制路线时，使用以下数据：(7,1,3,4,6,7)，(7,9,2,7)，(7,5,8,0,7)。

4.5.2 节将使用 Python 实现这一算法。

4.5.2 Python 问题表示

为了封装 VRP 问题，创建了一个名为 VehicleRoutingProblem 的 Python 类。此类包含在 vrp.py 文件中，可在提供的示例代码中查看。VehicleRoutingProblem 类包含 TravelingSalesmanProblem 类的实例，该类用作城市索引及其相应位置和距离的数据存储。当创建 VehicleRoutingProblem 类的实例时，下层 TravelingSalesmanProblem 的实例将在内部创建和初始化。

初始化 VehicleRoutingProblem 类需要用到 TravelingSalesmanProblem 类以及仓库位置索引和车辆数量。此外，VehicleRoutingProblem 类还提供以下公共方法。

(1) getRoutes(indices)：通过检测分隔符索引，将给定索引的列表拆分为单独的路径。

(2) getRouteDistance(indices)：计算从仓库位置开始经过给定索引所描述城市的路径的总距离。

(3) getMaxDistance(indices)：将索引分解为单独的路径后，计算给定索引描述的各条路径之间的最大距离。

(4) getTotalDistance(indices)：计算给定索引描述的各种路径的总计距离。

(5) plotData(indices)：将索引列表拆分为单独的路径，并以不同的颜色绘制每条路径。

当作为独立程序执行时，该类的 main 方法通过创建一个 VehicleRoutingProblem 的实例执行这些方法，并将底层 TSP 设置为 4.5.1 节描述的问题 bayg29。车辆数量设置为 3，仓库位置索引设置为 12(对应于中心位置的城市)。图 4-12 显示了城市(圆点)和仓库(×)的位置。

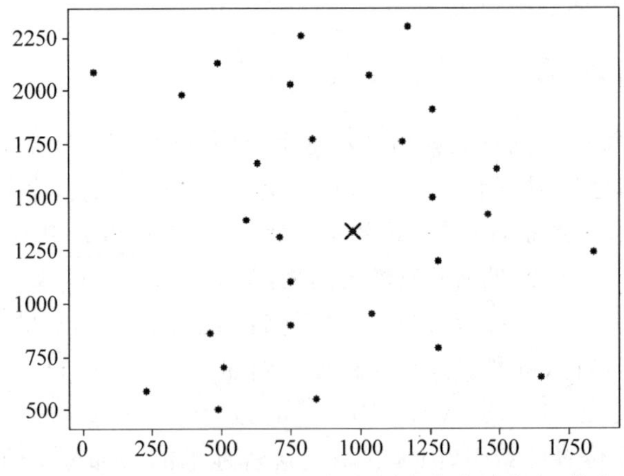

图 4-12 基于 bayg29 TSP 的 VRP 图(圆点代表城市，×代表仓库)

然后，main 方法生成一个随机解，将其分解为路径，并计算距离，如以下代码所示：

```
random solution = [27, 23, 7, 18, 30, 14, 19, 3, 16, 2, 26, 9, 24, 22, 15, 17, 28, 11, 21, 12,
8, 4, 5, 13, 25, 6, 0, 29, 10, 1, 20]
route breakdown = [[27, 23, 7, 18], [14, 19, 3, 16, 2, 26, 9, 24, 22, 15, 17, 28, 11, 21, 8, 4,
5, 13, 25, 6, 0], [10, 1, 20]]
total distance = 26653.845703125
max distance = 21517.686
```

注意，随机解的原始索引列表是如何使用分隔符索引(29 和 30)分解为单独的路径的。图 4-13 显示了这个随机解的路线图。

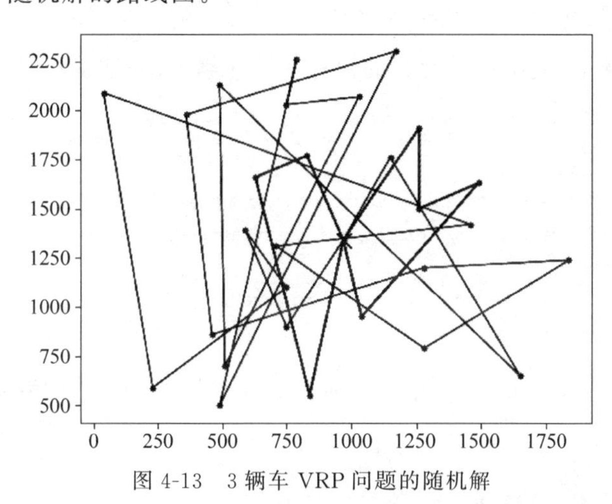

图 4-13 3 辆车 VRP 问题的随机解

当然，随机解远远不是最优的，可以看到，长(绿)线[①]遍历城市的效率很低，而且一条(绿)线比另外两条(红和紫)线长得多。

在 4.5.3 节将尝试使用遗传算法来获得更好的解。

4.5.3 遗传算法的解

为 VRP 创建的遗传算法解在名为 04-solve-vrp.py 的 Python 程序中，可在提供的示例代码中查看。

由于有 TSP 问题的基础，可以使用类似的表示方法(一个索引数组)来表示解，因此可以使用与 4.5.2 节相同的遗传算法。通过重用遗传算法流程而创建的精英保留版程序，可以继续利用精英保留的优势。这使得遗传算法求解 VRP 的程序与求解 TSP 问题的算法程序非常相似。

以下步骤详细说明求解的主要过程。

(1) 创建 VehicleRoutingProblem 类的实例，使用 bayg29 TSP 作为其基础数据，并将

① 扫描二维码查看彩图。

仓库位置设置为 12,车辆数量设置为 3:

```
TSP_NAME = "bayg29"
NUM_OF_VEHICLES = 3
DEPOT_LOCATION = 12
vrp = vrp.VehicleRoutingProblem(TSP_NAME, NUM_OF_VEHICLES,DEPOT_LOCATION)
```

(2) 设置适应度函数,使每种方案产生的 3 种路径中最长路径的距离最小:

```
def vrpDistance(individual):
    return vrp.getMaxDistance(individual),
toolbox.register("evaluate", vrpDistance)
```

(3) 对于遗传算子,使用规模为 2 的锦标赛选择算子,并辅以精英保留,以及专门针对有序列表的交叉和变异算子:

```
# Genetic operators:
toolbox.register("select", tools.selTournament, tournsize=2)
toolbox.register("mate", tools.cxUniformPartialyMatched,
indpb=2.0/len(vrp))
toolbox.register("mutate", tools.mutShuffleIndexes,
indpb=1.0/len(vrp))
```

(4) 由于 VRP 本质上比 TSP 困难,因此选择了比以前更大的种群规模和迭代次数:

```
# Genetic Algorithm constants:
POPULATION_SIZE = 500
P_CROSSOVER = 0.9
P_MUTATION = 0.2
MAX_GENERATIONS = 1000
HALL_OF_FAME_SIZE = 30
```

运行程序,使用这些设置获得的结果显示 3 条路线,最大长度为 3857:

```
-- Best Ever Individual = Individual('i', [0, 20, 17, 16, 13, 21, 10, 14, 3, 29, 15, 23, 7, 26,
12, 22, 6, 24, 18, 9, 19, 30, 27, 11, 5, 4, 8, 25, 2, 28, 1])
-- Best Ever Fitness = 3857.36376953125
-- Route Breakdown = [[0, 20, 17, 16, 13, 21, 10, 14, 3], [15, 23, 7, 26, 22, 6, 24, 18, 9,
19], [27, 11, 5, 4, 8, 25, 2, 28, 1]]
-- total distance = 11541.875
-- max distance = 3857.3638
```

需要注意的是,解被分解为 3 条独立路线,其方法为使用最大的两个索引(29,30)作为分隔,同时忽略站点的位置(12)。最终得到了 3 条线路:其中两条线路覆盖 9 个城市,第三条线路覆盖 10 个城市。绘制解生成的图形,图 4-14 中描述了 3 条生成的路线。

图 4-15 所示的统计图显示,该算法在达到 300 代之前完成了大部分优化,之后有几个小的改进。

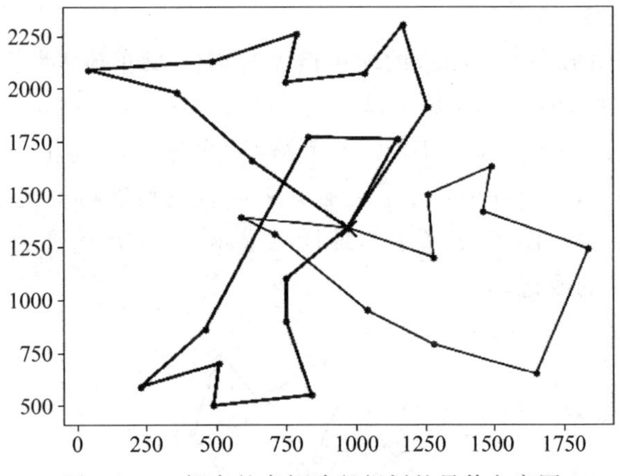

图 4-14 3 辆车的车辆路径规划的最佳方案图

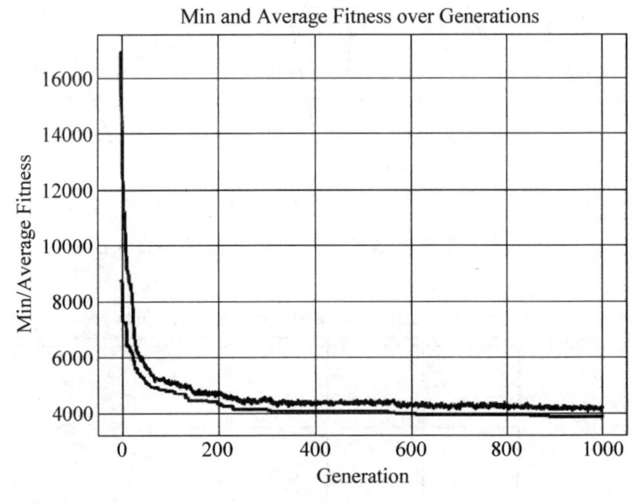

图 4-15 3 辆车求解 VRP 的程序统计

如果改变车辆数量会怎么样？将车辆数量增加到 6 辆，并且不做其他更改，再次运行该算法：

```
NUM_OF_VEHICLES = 6
```

本次运行的结果显示了 6 条路线，最大长度为 2803：

```
-- Best Ever Individual = Individual('i', [27, 11, 5, 8, 4, 33, 12, 24, 6, 22, 7, 23, 29, 28,
20, 0, 26, 15, 32, 3, 18, 13, 17, 1, 31, 19, 25, 2, 30, 9, 14, 16, 21, 10])
-- Best Ever Fitness = 2803.584716796875
-- Route Breakdown = [[27, 11, 5, 8, 4], [24, 6, 22, 7, 23], [28, 20, 0, 26, 15], [3, 18, 13,
17, 1], [19, 25, 2], [9, 14, 16, 21, 10]]
-- total distance = 16317.9892578125
```

```
-- max distance = 2803.5847
```

将车辆数量增加两倍并不会相应的缩短最大距离(6 辆车最大距离为 2803,而 3 辆车时最大距离为 3857)。这可能是因为每个单独的路线仍然需要在站点位置开始和结束,相当于增加了路线中的城市。如图 4-16 所示,橙色路线①似乎没有优化。这是因为我们告诉遗传算法最小化最长路径,所以任何比最长路径短的路径都可能得不到进一步的优化。

与 3 辆车的情况一样,图 4-17 所示的统计图显示,算法在达到 200 代之前完成了大部分优化,之后有几个小的改进。

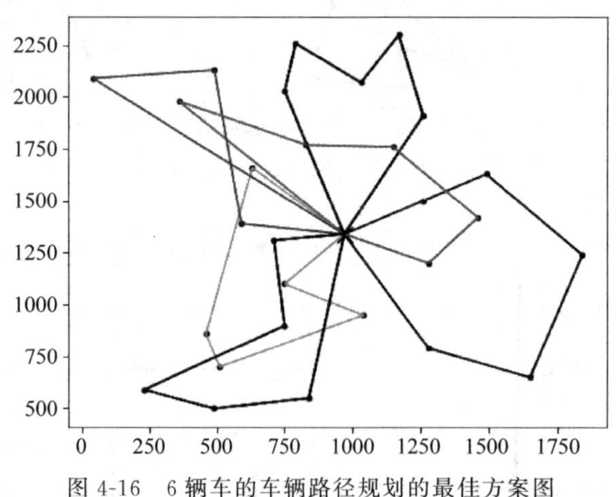

图 4-16 6 辆车的车辆路径规划的最佳方案图

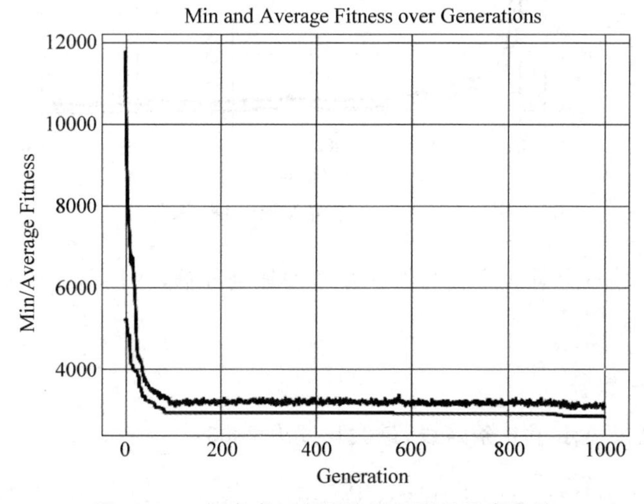

图 4-17 6 辆车求解车辆路径问题的程序统计

① 扫描二维码查看彩图。

找到的求解方法似乎是可行的，那么还能做得更好吗？如果使用其他数量的车辆，或者其他仓库的位置呢？使用不同的遗传算子、不同的参数设置甚至不同的适应度标准会有何不同？鼓励读者进行尝试，并从实验中学习。

小结

本章首先介绍了搜索问题和组合优化。然后仔细研究了3个典型的组合问题，每个问题都有大量的实际应用：背包问题、TSP和VRP。对于每一个问题，都遵循一个相似的过程，找到一个解的适当表示，创建一个封装问题的类并对给定的解求值，再创建一个利用该类的遗传算法求解。最终，找到了3个问题的有效解决方案，同时也通过实验分析了基因型到表现型的映射以及基于精英主义的开发机制。

第5章将从经典的 N-皇后问题开始研究一系列与之密切相关的任务，即约束满足问题。

拓展阅读

Giuseppe Ciaburro. Keras Reinforcement Learning Projects[M]. USA：Packt，2018.

第5章 约束满足

本章将介绍如何利用遗传算法解决约束满足问题。首先，阐述约束满足的概念以及它如何应用于搜索问题和组合优化，然后，将讨论几个约束满足问题的实际例子，这些例子使用基于 Python 的 DEAP 框架求解，包括著名的 N-皇后问题、护士排班问题以及图着色问题，最后，在讲解过程中，将学习硬约束和软约束之间的区别，以及如何将它们运用于求解的过程中。

本章主要涉及以下主题：

- 理解约束满足问题的本质；
- 在 DEAP 框架下使用遗传算法编程求解 N-皇后问题；
- 在 DEAP 框架下使用遗传算法编程求解护士排班问题；
- 在 DEAP 框架下使用遗传算法编程求解图着色问题；
- 理解硬约束和软约束的概念以及如何运用它们解决问题。

5.1 技术要求

本章将在 Python 3 中使用以下支持库：deap、numpy、matplotlib、seabornnetworkx。

5.2 搜索问题中的约束满足

第4章讨论了如何解决搜索问题，重点是对状态和状态之间的转换进行系统的评估，每一个状态转换通常包含一个成本或收益，并且搜索的目标是使成本最小化或收益最大化。约束满足问题是搜索问题的一种变体，它的状态必须满足一些约束或限制，如果能够将各种各样的违约转化为成本，并努力使成本最小化，那么求解约束满足问题就可以转化为求解一般搜索问题。

与组合优化问题一样，约束满足问题在人工智能、运筹学和模式识别领域也有着重要的应用，理解这些问题有助于解决初步看上去不相关的各种类型的问题。约束满足问题往往表现出很高的复杂度，这使得遗传算法成为解决约束满足问题的一种合适方法。

5.3 节介绍 N-皇后问题，阐述约束满足问题的概念，并用第 4 章讨论问题的类似方法，演示如何解决这些问题。

5.3 求解 N-皇后问题

经典的 N-皇后问题最初被称为八皇后难题，它起源于 8×8 棋盘上的国际象棋，八皇后难题的规则是在棋盘上放置 8 个皇后而不让其中任何两个互相攻击，即任意两个皇后不能处于同一行、同一列或同一斜线。N-皇后问题与 8 个皇后难题类似，只不过使用的是 $N\times N$ 棋盘和 N 个棋后。

除了 $n=2$ 和 $n=3$ 的情况外，N-皇后问题对任何自然数 n 都有一个解，对于原始的八皇后实例有 92 个解，如果认为对称解是相同的，则有 12 个独立解。其中的一个解如图 5-1 所示。

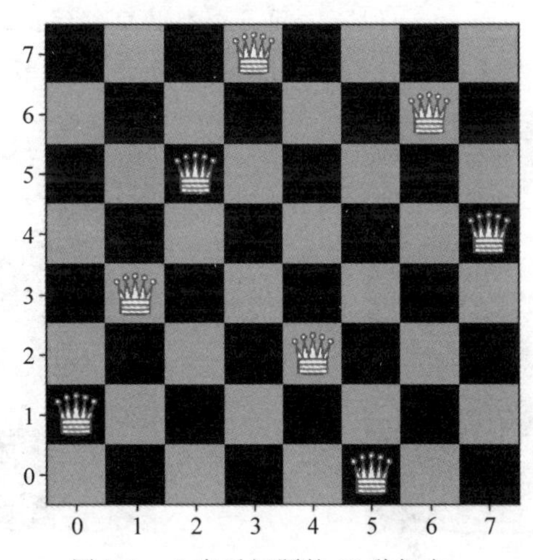

图 5-1 八皇后问题的 92 种解之一

通过应用组合数学，在 8×8 棋盘上放置 8 块棋子，可以产生组合数量达 4 426 165 368 种，但是，如果以不在同一行或同一列上放置两个皇后的方式创建候选解，则组合数量将显著减少到 8!(8 的阶乘)，总计 40 320。5.3.1 节将利用这一思想确定解的表示方式。

5.3.1 解的表示方式

在求解 N-皇后问题时，可以利用这样一个规则，即每一行或每一列只容纳一个皇后，这意味着可以将任何候选解表示为一个有序的整数列表或者一个索引列表，每个索引代表一个皇后占用了当前行和列。

例如，在 4×4 棋盘上的四皇后问题中，有索引列表(3,2,0,1)，它可以转化为如图 5-2 所示的以下位置。

(1) 在第一行位置 3 处放置皇后(第四列)。

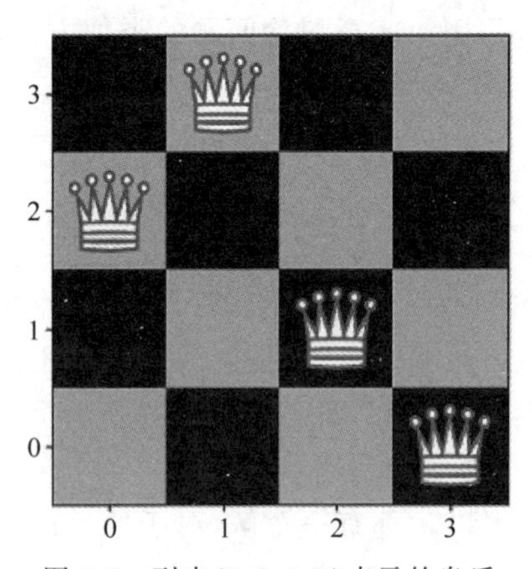

图 5-2 列表(3,2,0,1)表示的皇后排列图

(2) 在第二行位置 2 处放置皇后(第三列)。

(3) 在第三行位置 0 处放置皇后(第一列)。

(4) 在第四行位置 1 处放置皇后(第二列)。

类似地,另外一种索引排列(1,3,0,2)表示的候选解如图 5-3 所示。

在使用有序的整数列表或者索引列表方式表示的候选解中,唯一可能的约束冲突是两对皇后之间的斜线。例如,讨论的第一个候选解包含两个违约,如图 5-4 所示。同时,讨论的第二个候选解(见图 5-3)没有违约。

这意味着,当评价以有序的整数列表或者索引列表方式表示的解时,只需要找到并计算它们所代表的位置之间是否有共享**斜线**即可。

上述讨论的解的表示方式是 Python 类的核心部分,5.3.2 节将对 Python 类进行描述。

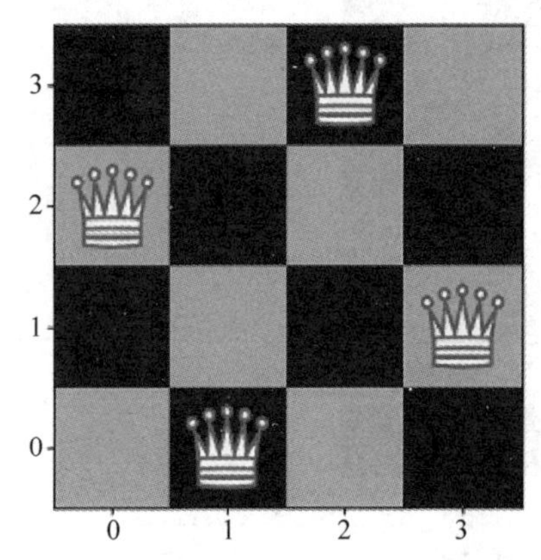

图 5-3 列表(1,3,0,2)表示的皇后排列图

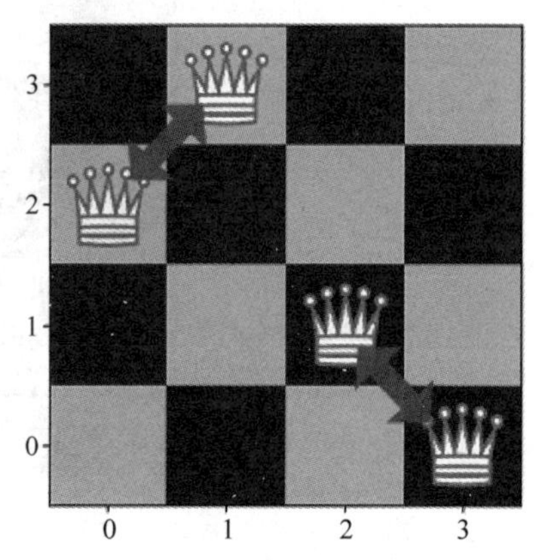

图 5-4 (3,2,0,1)表示的违反约束的皇后排列图

5.3.2 Python 对问题的表示方式

为了封装 N-皇后问题,这里创建了一个名为 NQueensProblem 的 Python 类,这个类可以在 queens.py 文件中找到,文件可在提供的示例代码中查看。

该类通过问题所需的阶数进行初始化,并提供以下通用方法。

(1) **getViolationsCount(positions)**:计算给定解中的违约数量,这个解如前所述,是用一个索引列表表示的。

(2) **plotBoard(positions)**:根据给定的解,绘制皇后在棋盘上的位置。

通过在该类 main 方法中创建一个八皇后问题类并测试以下候选解来练习该类。

```
(1, 2, 7, 5, 0, 3, 4, 6)
```

下面绘制候选解并计算违反约束的数量。输出结果如下：

```
Number of violations = 3
```

绘制图如图 5-5 所示，你能发现 3 种违约吗？

图 5-5　列表(1,2,7,5,0,3,4,6)表示的八皇后排列图

在下一小节中，将应用遗传算法来解决 N-皇后问题。

5.3.3　遗传算法求解 N-皇后问题

为了使用遗传算法解决 N-皇后问题，这里创建了名为 01-solve-N-queens.py 的 Python 程序，可在提供的示例代码中查看。

采用索引列表(或数组)作为 N-皇后问题的解的表示形式，这与第 4 章对**旅行商问题**(**TSP**)和**车辆路径问题**(**VRP**)所用的解的表示方式相似，所以与组合优化一样，N-皇后问题也可以使用类似的遗传算法求解。通过重用我们为 DEAP 遗传算法流程而创建的精英保留版程序，可以继续利用精英保留的优势。

下面步骤描述了求解的主要步骤。

(1) 程序根据要解决的问题规模创建 NQueensProblem 类实例：

```
nQueens = queens.NQueensProblem(NUM_OF_QUEENS)
```

(2) 当前目的是最小化违约次数(期望值为 0)，因此定义了一个单一的目标，即最小化适应度策略：

```
creator.create("FitnessMin", base.Fitness, weights = ( - 1.0,))
```

(3) 由于解是由一个有序的整数列表表示的，其中每个整数代表皇后的列位置，因此使用以下 toolbox 定义创建初始种群。

```
# create an operator that generates randomly shuffled indices:
toolbox.register("randomOrder", random.sample,
range(len(nQueens)),len(nQueens))

toolbox.register("individualCreator", tools.initIterate,
creator.Individual, toolbox.randomOrder)
toolbox.register("populationCreator", tools.initRepeat, list,
toolbox.individualCreator)
```

(4) 实际适应度函数设置为每个解决方案中根据棋盘上皇后位置所计算的违约次数。

```
def getViolationsCount(individual):
    return nQueens.getViolationsCount(individual),
toolbox.register("evaluate", getViolationsCount)
```

(5) 对于遗传算子,使用规模为 2 的锦标赛选择,以及专门针对有序列表的交叉算子和变异算子。

```
# Genetic operators:
toolbox.register("select", tools.selTournament, tournsize = 2)
toolbox.register("mate",tools.cxUniformPartialyMatched,
indpb = 2.0/len(vrp))
toolbox.register("mutate",tools.mutShuffleIndexes,
indpb = 1.0/len(vrp))
```

(6) 继续采用精英策略,即名人堂(HOF)的成员(当前最优秀的个体)原封不动地传给下一代。正如在第 4 章中发现的,精英策略非常适合与规模为 2 的锦标赛选择搭配使用:

```
population, logbook = elitism.eaSimpleWithElitism(population,
                                                  toolbox,
                                                  cxpb = P_CROSSOVER,
                                                  mutpb = P_MUTATION,
                                                  ngen = MAX_GENERATIONS,
                                                  stats = stats,
                                                  halloffame = hof,
                                                  verbose = True)
```

(7) 由于每个 N-皇后问题都有多个可能的解,因此需要输出名人堂的所有成员,而不仅仅是最前面的一个,如此就可知道找到了多少个有效的解:

```
print(" - Best solutions are:")
for i in range(HALL_OF_FAME_SIZE):
    print(i, ": ", hof.items[i].fitness.values[0], " -> ", hof.items[i])
```

正如前面看到的,将八皇后实例的解的表示方式减少到大约 40 000 个组合,这使得它成为一个相对较小的问题。为了让问题更有趣,将规模增加到 16 个皇后,其中候选解的数量将达到 16!,即 20 922 789 888 000 这样一个巨大的数值。这个问题的有效解也相当多,将近 1500 万,将其与组合数进行比较,寻找一个有效的解就如同大海捞针。

在运行程序之前,设置算法常量,如下所示:

```
NUM_OF_QUEENS = 16
POPULATION_SIZE = 300
MAX_GENERATIONS = 100
HALL_OF_FAME_SIZE = 30
P_CROSSOVER = 0.9
P_MUTATION = 0.1
```

在这些设置下,程序运行后输出如下:

```
gen nevals min avg
0 300   3  10.4533
1 246   3  8.85333
..
23 250  1   4.38
24 227  0   4.32
..
 - Best solutions are:
0 : 0.0 -> Individual('i', [7, 2, 8, 14, 9, 4, 0, 15, 6, 11, 13, 1, 3, 5,10, 12])
1 : 0.0 -> Individual('i', [7, 2, 6, 14, 9, 4, 0, 15, 8, 11, 13, 1, 3, 5,12, 10])
..
7 : 0.0 -> Individual('i', [14, 2, 6, 12, 7, 4, 0, 15, 8, 11, 3, 1, 9, 5,10, 13])
8 : 1.0 -> Individual('i', [2, 13, 6, 12, 7, 4, 0, 15, 8, 14, 3, 1, 9, 5,10, 11])
..
```

从输出中,可以看到在第24代中首次找到了一个解,其中适应度值显示为0,这意味着没有违约。此外,输出的最优解表明,在运行期间发现了8种不同的解,这些解是名人堂中0～7的条目,其适应度值为0,下一个条目的适应度值已经为1,表示存在违约。

程序生成的第一幅图描绘了16个皇后在16×16棋盘上的位置,如图5-6所示,这是找到的第一个有效解(7,2,8,14,9,4,0,15,6,11,13,1,3,5,10,12)。

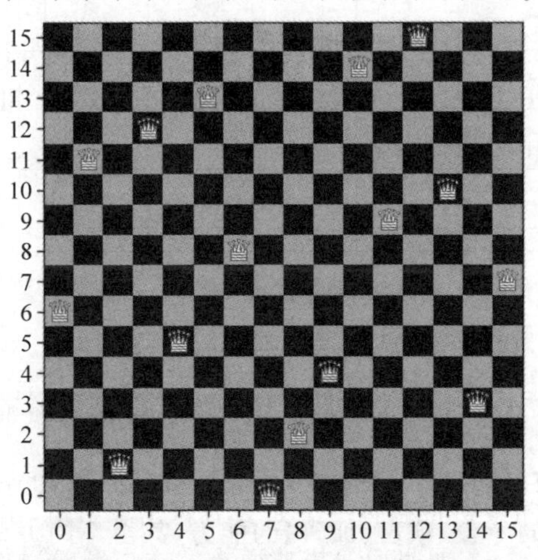

图5-6 程序找到的一个可行的16皇后问题解的示意图

图 5-7 为包含了各代的最小适应度值和平均适应度值的曲线图。从这张图中可以看到，程序在早期(第 24 代左右)就找到了最佳适应度值 0，同时随着更多有效解被找到，平均适应度值不断下降。

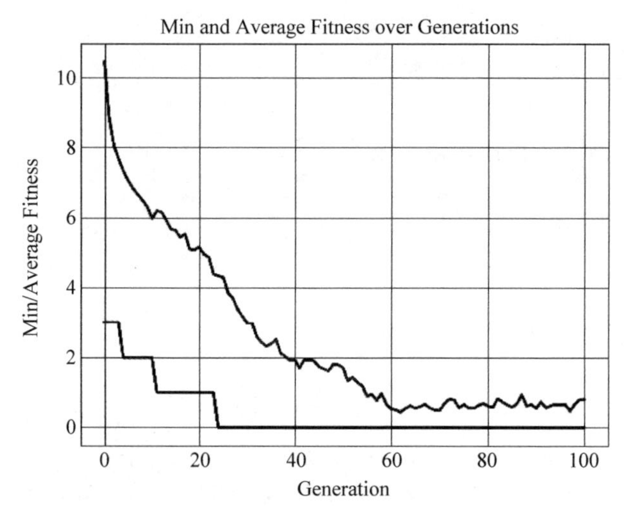

图 5-7　求解 16 皇后问题的迭代曲线

将 MAX_GENERATIONS 的值增加到 400 而不做其他任何更改，得到了 38 个有效的解。如果增加 MAX_GENERATIONS 到 500，名人堂的 50 名成员都包含了有效的解。建议尝试采用不同组合设置的遗传算法解决其他阶数的 N-皇后问题。

5.4 节将从棋盘上排列棋子过渡到工人工作时间表的安排问题上。

5.4　求解护士排班问题

假如由你负责安排本周医院护士的排班，一天有 3 个班次(早上、下午和晚上)，对于每一个班次，需要安排 8 个护士中的一个或多个在你的部门工作，如果这听起来像是一个简单的任务，那么看看医院的相关规则列表：

(1) 护士不允许连续工作两个班次。

(2) 护士每周工作不允许超过 5 个班次。

(3) 你所在科室的每班护士人数应符合以下规定：早班需要 2 或 3 名护士；午班需要 2～4 名护士；夜班需要 1 或 2 名护士。

此外，每个护士可以有值班偏好，例如，一名护士只愿意上早班，另一名护士不愿意上午班等等。

这个任务是**护士排班问题(Nurse Scheduling Problem ,NSP)**的一个例子，它可以有许多变化，包括不同护士的不同专长，顶班(加班)的能力，甚至不同类型的值班(如 8 小时值班和 12 小时值班)。

可想而知，编写一个程序来安排值班可能是个好主意，为什么不应用遗传算法知识来实现这样一个程序呢？和前面一样，从问题的解的表示方式开始。

5.4.1　解的表示方式

为了解决护士排班问题，使用一个二进制列表（或数组）来表示值班安排，因为这种表示很直观，并且遗传算法可以轻松地处理这种表示方式。

可以用一个二进制字符串表示每个护士一周的 21 个轮班，值为 1 的代表一个班次，表示该护士被安排值班，例如，下面二进制列表：

```
(0, 1, 0, 1, 0, 1, 0, 1, 1, 0, 0, 0, 0, 0, 1, 1, 0, 0, 0, 1, 0)
```

这个二进制列表可以每 3 个值分为一组。如表 5-1 所示，每组代表该护士每周每天的工作班次。

表 5-1　护士每周每天的工作班次

周日	周一	周二	周三	周四	周五	周六
(0,1,0)	(1,0,1)	(0,1,1)	(0,0,0)	(0,0,1)	(1,0,0)	(0,1,0)
午班	早班，晚班	午班，晚班	（无）	晚班	早班	午班

然后将所有护士的值班表连接在一起，创建一个长的二进制列表，用于表示整个解。

当评估一个解时，这个长列表可以分解成每个护士的值班表，并且可以用于检查是否违反了约束，例如，表 5-1 中的护士值班示例中，包含两组连续的 1 值，表示护士连续值班（午班接着晚班，晚班接着早班）；通过统计该列表中的二进制值，可以计算同一个护士的每周值班数，其结果是 8 个值班；通过检查护士每天的班次和指定的优先班次，还可以很容易地检查是否符合其值班偏好。

最后，为了检查每班护士人数的限制，可以汇总所有护士每周的值班，并查找大于允许的极大值或小于允许的极小值的条目。

在算法实现之前，还需要讨论硬约束和软约束之间的区别。

5.4.2　硬约束与软约束

在解决护士排班问题时，有些约束代表医院的规则，它是不能被违反的，其中包含一个或多个违反规则的值班表都将被认为无效，这些规则被称为**硬约束**。

另一方面，可以将护士的偏好称为**软约束**，我们希望尽可能符合这些约束，尊重护士的偏好，不违反或少违反这些软约束的解要比含有更多违反行为的解相对更好，但违反这些软约束并不会使解无效。

在 N-皇后问题中，所有的行、列和斜线限制都是硬约束，如果找到一个违约次数为零的解，就得到一个有效的解。在这里，医院的规定是硬约束，护士的偏好是软约束。因此，实际上是在寻找一种解，这种解既不违反医院的任何规定，又尽量减少违反护士意愿的次数。

虽然处理软约束与任何优化问题所做的事情类似，即使其最小化，但如何处理伴随它们而来的硬约束呢？下面提供几种策略。

(1) 找到解的特定表示方式(编码)，以**消除违反硬约束的可能性**。在求解 N-皇后问题时，我们能够以一种消除 3 个约束中的两个约束(行和列)的方式来表示一个解，这大大简化了求解过程，但一般来说，这样的编码可能很难找到。

(2) 在评估解时，**丢弃**违反任何硬约束的候选解。这种方式的缺点是同时丢失了解中包含的信息，而这些信息对于问题可能是有价值的，所以这种方式会大大减慢优化过程。

(3) 在评估解时，**修复**违反任何硬约束的候选解。换句话说，找到一种方法处理解并对其修改，使其不再违反约束。但是，对于大多数问题，创建这样的修复程序是困难的，甚至是不可能的，同时，修复过程可能会导致重要的信息丢失。

(4) 在评估解时，**惩罚**违反任何硬约束的候选解。这种方式会降低解的得分并使其不那么理想，但不会完全消除它。因此，它包含的信息不会丢失。实际上，这会导致硬约束被视为惩罚更重的软约束。使用这种方法时，面临的难题是如何找到适当的处罚幅度，过于严厉的惩罚可能导致这些解被排除，而惩罚太小可能导致这些解看起来是最优的。

本书案例选择应用第(4)种方法，对违反硬约束的行为进行惩罚，惩罚程度比软约束更大。这是通过创建一个成本函数来实现的，其中违反硬约束的成本大于违反软约束的成本，然后将总成本作为适应度函数并使其最小化。

5.4.3 基于 Python 的问题表示

为了封装前述的护士排班问题，创建了一个名为 NurseSchedulingProblem 的 Python 类，此类包含在 nurses.py 文件中，可在提供的示例代码中查看。

该类的构造函数接收 hardConstraintPenalty 参数，该参数表示违反硬约束的惩罚因子，接着继续初始化该函数的各个参数，来描述排班问题：

```
# list of nurses:
self.nurses = ['A', 'B', 'C', 'D', 'E', 'F', 'G', 'H']

# nurses' respective shift preferences - morning, evening, night:
self.shiftPreference = [[1, 0, 0], [1, 1, 0], [0, 1, 1], [0, 1, 0], [0, 0, 1], [1, 1, 1], [0,
1, 1], [1, 1, 1]]

# min and max number of nurses allowed for each shift - morning, evening, night:
self.shiftMin = [2, 2, 1]
self.shiftMax = [3, 4, 2]

# max shifts per week allowed for each nurse
self.maxShiftsPerWeek = 5
```

该类使用以下方法将给定的排班表转换为字典，表示每个护士的值班表：

```
getNurseShifts(schedule)
```

以下方法用于统计各种类型的违规行为：

```
countConsecutiveShiftViolations(nurseShiftsDict)
countShiftsPerWeekViolations(nurseShiftsDict)
countNursesPerShiftViolations(nurseShiftsDict)
countShiftPreferenceViolations(nurseShiftsDict)
```

此外，该类还提供以下公共方法。

（1）getCost(schedule)：计算给定排班表中各种违规的总成本，此方法使用 hardConstraintPenalty 变量的值。

（2）printScheduleInfo(schedule)：输出排班表和违规详细信息。

在该类的 main 方法中通过调用该类创建了一个护士调度问题的实例并且为该问题测试了随机的候选解，当 hardConstraintPenalty＝10 时，结果输出如下所示：

```
Random Solution =
[1 0 0 0 0 1 1 1 0 0 0 1 1 0 0 0 1 0 1 0 1 1 0 1 0 1 1 1 0 1 0 1 0 1 1 1 1
 0 0 1 0 1 0 0 1 0 1 1 0 1 1 0 1 1 0 1 1 1 1 0 1 0 1 0 1 0 1 1 0 1 0 1 1 1
 1 0 1 0 0 0 1 1 0 1 1 1 1 0 1 1 0 1 1 1 1 1 0 1 0 0 1 1 0 1 1 1 0 0 0 0 0
 0 1 0 1 0 0 0 0 1 1 0 0 0 0 0 0 0 0 0 1 1 0 0 1 1 1 1 0 0 0 0 1 1 0 1 1 0
 0 1 0 1 1 1 0 0 0 0 0 0 0 0 1 1 1 0 0 1 1]
 Schedule for each nurse:
 A : [1 0 0 0 0 1 1 1 0 0 0 1 1 0 0 0 1 0 1 0 1]
 B : [1 0 1 0 1 1 1 0 1 0 1 0 1 1 1 1 0 0 1 0 1]
 C : [0 0 1 0 1 1 0 1 1 0 1 1 0 1 1 1 1 0 1 0 1]
 D : [0 1 0 1 1 0 1 0 1 1 1 1 0 1 0 0 0 1 1 0 1]
 E : [1 1 1 0 1 1 0 1 1 1 1 1 0 1 0 0 1 1 0 1 1]
 F : [1 0 0 0 0 0 0 1 0 1 0 0 0 0 1 1 0 0 0 0 0]
 G : [0 0 0 0 1 1 0 0 1 1 1 1 0 0 0 0 1 1 0 1 1]
 H : [0 0 1 0 1 1 1 0 0 0 0 0 0 0 1 1 1 0 0 1 1]
 consecutive shift violations = 40

 weekly Shifts = [9, 13, 13, 12, 15, 5, 10, 9]
 Shifts Per Week Violations = 46

 Nurses Per Shift = [4, 2, 4, 1, 6, 6, 4, 4, 5, 4, 5, 5, 2, 4, 4, 4, 5, 3, 4, 3, 7]
 Nurses Per Shift Violations = 30

 Shift Preference Violations = 30

 Total Cost = 1190
```

从这些结果中可以明显看出，随机生成的解很可能会产生大量违约，从而产生较大的成本值，5.4.4 节尝试使用一种基于遗传算法的方法来最小化成本并消除所有硬约束违规。

5.4.4　遗传算法求解护士排班问题

为了使用遗传算法解决护士排班问题，创建了名为 02-solve-nurses.py 的 Python 程序,可在提供的示例代码中查看。

由于护士排班问题的解的表示方式是一个二进制的列表(或数组),因此,可使用在第4章描述的0-1背包问题的遗传算法,此算法已经解决了多个问题。

主要求解过程描述如下。

(1) 程序创建一个NurseSchedulingProblem类的实例,期望值是hardConstraintPenalty,该值由HARD_CONSTRAINT_PENALTY常量设置。

```
nsp = nurses.NurseSchedulingProblem(HARD_CONSTRAINT_PENALTY)
```

(2) 当前目标是最小化成本,因此定义一个单一目标,即最小化适应度值:

```
creator.create("FitnessMin", base.Fitness, weights = ( - 1.0,)
```

(3) 由于解是由0或1的列表表示,因此可使用以下toolbox定义创建初始化种群:

```
toolbox.register("zeroOrOne", random.randint, 0, 1)
toolbox.register("individualCreator", tools.initRepeat,
creator.Individual, toolbox.zeroOrOne, len(nsp))
toolbox.register("populationCreator", tools.initRepeat, list,
toolbox.individualCreator)
```

(4) 实际适应度函数设置为每个解决方案中调度表的各种违约成本:

```
def getCost(individual):
    return nsp.getCost(individual),
toolbox.register("evaluate", getCost)
```

(5) 对于遗传算子,使用规模为2的锦标赛选择,以及适用于二进制编码的两点交叉和反转变异:

```
toolbox.register("select", tools.selTournament, tournsize = 2)
toolbox.register("mate", tools.cxTwoPoint)
toolbox.register("mutate", tools.mutFlipBit, indpb = 1.0/len(nsp))
```

(6) 仍采用精英保留的策略,即名人堂(HOF)成员(当前最优秀的个体)总是原封不动地传给下一代:

```
population, logbook = elitism.eaSimpleWithElitism(population,
toolbox, cxpb = P_CROSSOVER, mutpb = P_MUTATION,
ngen = MAX_GENERATIONS, stats = stats, halloffame = hof, verbose = True)
```

(7) 当算法结束时,输出找到的最优解的详细信息:

```
nsp.printScheduleInfo(best)
```

在运行程序之前,设置算法常量,如下所示:

```
POPULATION_SIZE = 300
```

```
P_CROSSOVER = 0.9
P_MUTATION = 0.1
MAX_GENERATIONS = 200
HALL_OF_FAME_SIZE = 30
```

然后，将违反硬约束的惩罚设置为1，这使得违反硬约束的成本与违反软约束的成本相似：

```
HARD_CONSTRAINT_PENALTY = 1
```

在这些设置下，运行程序产生以下输出：

```
-- Best Fitness = 3.0
-- Schedule =
Schedule for each nurse:
A : [0, 0, 0, 0, 0, 0, 1, 0, 0, 1, 0, 0, 1, 0, 0, 1, 0, 0, 1, 0, 0]
B : [1, 0, 0, 1, 0, 0, 1, 0, 0, 1, 0, 0, 0, 1, 0, 0, 0, 0, 1, 0, 0]
C : [0, 1, 0, 0, 0, 0, 0, 0, 0, 0, 0, 1, 0, 0, 0, 0, 0, 0, 0, 0, 0]
D : [0, 1, 0, 0, 0, 0, 0, 0, 0, 0, 1, 0, 0, 1, 0, 0, 1, 0, 0, 1, 0]
E : [0, 0, 1, 0, 1, 0, 0, 0, 0, 0, 0, 0, 0, 0, 1, 0, 0, 1, 0, 0, 0]
F : [0, 0, 0, 0, 0, 1, 0, 1, 0, 0, 1, 0, 0, 0, 0, 0, 0, 1, 0, 1, 0]
G : [0, 0, 0, 0, 1, 0, 0, 0, 1, 0, 0, 1, 0, 0, 0, 0, 1, 0, 0, 0, 1]
H : [1, 0, 0, 1, 0, 0, 0, 1, 0, 0, 0, 0, 1, 0, 0, 1, 0, 0, 0, 0, 0]
consecutive shift violations = 0
weekly Shifts = [5, 6, 2, 5, 4, 5, 5, 5]
Shifts Per Week Violations = 1
Nurses Per Shift = [2, 2, 1, 2, 2, 1, 2, 2, 1, 2, 2, 2, 2, 2, 1, 2, 2, 2,2, 2, 1]
Nurses Per Shift Violations = 0
Shift Preference Violations = 2
```

这似乎是一个很好的结果，因为最终只有3个违约，但是其中之一是违反每周值班的规定，即护士B每周被安排6个值班，超过了允许的最多5个值班，这足以使整个解无法被接受。

为了消除这种违约行为，将硬约束惩罚值增加到10：

```
HARD_CONSTRAINT_PENALTY = 10
```

现在，结果如下：

```
-- Best Fitness = 3.0
-- Schedule =
Schedule for each nurse:
A : [0, 0, 0, 1, 0, 0, 1, 0, 0, 1, 0, 0, 0, 0, 0, 0, 0, 0, 1, 0, 0]
B : [1, 0, 0, 1, 0, 0, 0, 0, 0, 1, 0, 0, 1, 0, 0, 1, 0, 0, 0, 0, 0]
C : [0, 0, 1, 0, 0, 0, 0, 0, 1, 0, 0, 0, 0, 0, 1, 0, 0, 1, 0, 0, 1]
D : [0, 1, 0, 0, 0, 0, 0, 0, 0, 0, 1, 0, 0, 1, 0, 0, 1, 0, 0, 1, 0]
E : [0, 0, 0, 0, 1, 0, 0, 1, 0, 0, 0, 0, 0, 1, 0, 0, 0, 0, 0, 0, 0]
F : [0, 0, 0, 0, 0, 0, 1, 0, 0, 0, 1, 0, 1, 0, 0, 0, 1, 0, 1, 0, 0]
G : [0, 1, 0, 0, 1, 0, 0, 0, 1, 0, 0, 1, 0, 0, 0, 0, 0, 1, 0, 0, 0]
H : [1, 0, 0, 0, 0, 1, 0, 1, 0, 0, 0, 0, 0, 0, 0, 1, 0, 0, 0, 1, 0]
```

```
consecutive shift violations = 0
weekly Shifts = [4, 5, 5, 5, 3, 5, 5, 5]
Shifts Per Week Violations = 0
Nurses Per Shift = [2, 2, 1, 2, 2, 1, 2, 2, 2, 2, 2, 1, 2, 2, 1, 2, 2, 2,2, 2, 1]
Nurses Per Shift Violations = 0
Shift Preference Violations = 3
```

同样，得到了 3 个违约，但这次都是违反软约束，这使得解是有效的。

图 5-8 描述了各代的最小适应度值和平均适应度值，表明在 40～50 代中，该算法能够消除所有硬约束违约，并且从那时起，每当消除一个软约束时，都有小的增量改进发生。

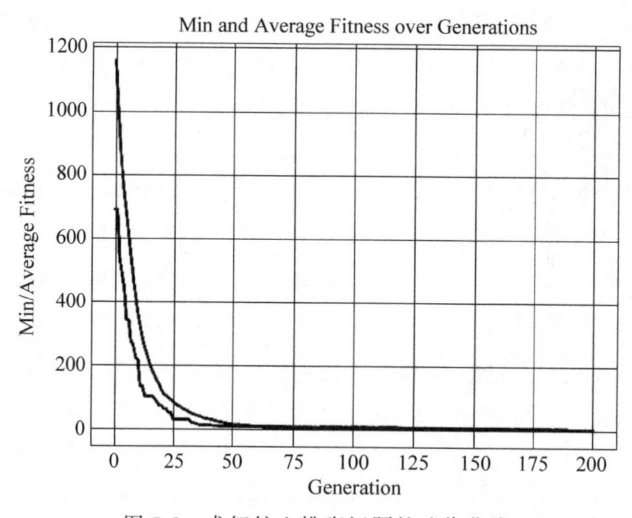

图 5-8　求解护士排班问题的迭代曲线

由此可知，在此案例中对违反硬约束的行为设定 10 倍的处罚就足够了，在其他问题中，可能需要设定为更高的值，我们鼓励通过改变问题的定义和遗传算法的设置来进行实验。

在下一个任务（图着色问题）中，将看到软约束和硬约束之间的权衡。

5.5　求解图着色问题

在图论的数学分支中，图是对象的结构化集合，表示对象之间的关系，在图中使用顶点（或节点）表示对象，使用边表示一对对象之间的关系，绘制图的一种常用方法是把顶点画成圆，边画成连接线。如图 5-9 所示为 Petersen 图，该图以丹麦数学家 Julius Petersen 的名字命名。

图是非常有用的，因为它可以表示和帮助我们研究各种各样的现实生活结构、模式和关系，例如社交网络、电网布局、网站结构、语言组合、计算机网络、原子结构、迁移模式等等。

图着色任务是为图中的每个节点分配一个颜色，规则是一对相连（相邻）的节点不能使用相同的颜色，这也被称为图的顶点着色问题。图 5-10 显示了正确着色的 Petersen 图形。

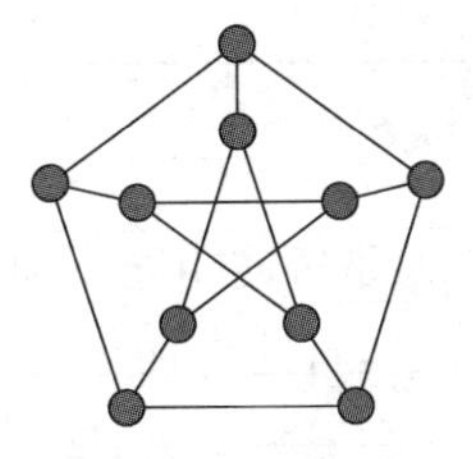

图 5-9 Petersen 图

（来源：https://commons.wikimedia.org/wiki/File:Petersen1_tiny.svg

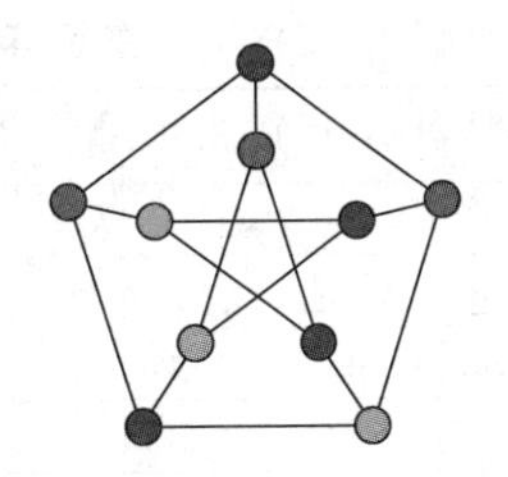

图 5-10 Petersen 图的正确着色

（来源：https://en.wikipedia.org/wiki/File:Petersen_graph_3-coloring.svg 公开发布）

颜色分配通常伴随着一个优化要求——即使用最少的颜色数量。例如图 5-10 所示，Petersen 图可以使用 3 种颜色正确地着色，但是使用两种颜色是不可能正确着色的，在图论中，这意味着 Petersen 图的色数是 3[①]。

为什么要关心图的节点着色呢？因为许多现实生活中的问题都可以转换成一个图进行表示，以这样的方式，图的着色将代表一个解。例如，学生的排课或员工的值班表都可以转换成一个图，其中相邻的节点表示引起冲突的排课或值班，这样的冲突可以是同时上课或者连续的值班（听起来是不是很熟悉？）。由于这种冲突，将同一个人分配给两个课程（或两个班次）将使排班无效，如果每种颜色代表不同的人，那么为相邻节点分配不同的颜色就可以解决这种冲突。本章开头的 N-皇后问题就可以表示为一个图着色问题，图中的每个节点代表棋盘上的一个正方形，共享一行、一列或斜线的每对节点由一条边连接，还有其他相关的例子，包括无线电台的频率分配、电网冗余规划、红绿灯计时、数独谜题求解等等。

希望以上描述能让大家相信图着色是一个值得解决的问题，与往常一样，这里先从为图着色问题的解设计合适的表示方式开始。

5.5.1 解的表示方式

在常用的二进制列表（或数组）基础上，可以使用一个整数列表，其中每个整数表示一个唯一的颜色，并且列表中的每个元素都匹配图的一个节点。

例如，Petersen 图有 10 个节点，则每个节点可以分配一个 0～9 的索引，然后使用 10 个元素的列表表示该图的节点着色。

例如，可以一起讨论下面特定的表示中有什么：

```
(0, 2, 1, 3, 1, 2, 0, 3, 3, 0)
```

下面详细说明：

(1) 用整数 0、1、2、3 表示 4 种颜色。

(2) 图的第一、第七和第十个节点用第一种颜色(0)着色。

---

① 扫描二维码查看彩图。

（3）第三和第五个节点用第二种颜色(1)着色。

（4）第二和第六个节点用第三种颜色(2)着色。

（5）第四、第八、第九个节点用第四种颜色(3)着色。

为了对解进行评估，需要遍历每对相邻节点并检查它们是否使用同一种颜色，如果它们使用了同一种颜色，那么便是一个着色违约问题，因此需试图将违约的数量最小化到零，以实现图的正确着色。

但与此同时也在寻求最小化的颜色数量。如果恰好知道这个数字，那么可以使用与已知颜色数量一样多的整数值，但是如果不知道呢？一种解决方法就是从估计（或猜测）所用颜色的数量开始，如果使用这个数字找到一个合适的解，那么可以减少这个数字再试一次；如果找不到解，那么可以增加这个数字再试一次，直到找到的最小数字，得到一个解。不过，也可以通过使用软约束和硬约束更快地得到这个数字，这个内容将在5.5.2节讲述。

5.5.2 使用硬约束和软约束解决图着色问题

在解决护士排班问题时，我们指出了硬约束（遵守这些约束才能将解视为有效）和软约束（努力最小化以获得更优解）之间的区别。在图着色问题中，颜色分配的规则（两个相邻的节点不可以有相同的颜色）是一个硬约束，只有将违反硬约束的次数减至零，才可以获得有效的解。

不过，可以把使用最小化颜色数量作为一个软约束引入，同时在不以违反硬约束为代价的前提下，尽量减少颜色的数量。

所以，可使用比估计值高的颜色数量来启动算法，并让算法最小化颜色数量，直到（理想情况下）达到实际的最小颜色数量。

与在护士排班问题中所做的类似，通过创建一个成本函数来实现这种方法，其中违反硬约束的成本大于使用更多颜色的成本，然后将总成本作为最小化的适应度函数，这个功能可以写进 Python 类中，5.5.3 节将对此进行描述。

5.5.3 基于 Python 的问题表示

为了封装图着色问题，创建了一个名为 GraphColoringProblem 的 Python 类。这个类可以在 graphs.py 文件找到，文件可在提供的示例代码中查看。

为了实现这个类，使用了 Python 的开源 NetworkX 包，它可以创建、操作和绘制图形。用作着色问题的图是 NetworkX 图形类的一个实例，所以不需要从头创建这个图，而是直接利用库中大量预先存在的图，如前面讲的 Petersen 图。

GraphColoringProblem 类的构造函数接收要着色的图作为参数。此外，它还接收 hardConstraintPenalty 参数，该参数表示违反硬约束的惩罚因子。

然后，构造函数创建一个图的节点列表和一个邻接矩阵，从中可以快速找出图中的任何两个节点是否相邻：

```
self.nodeList = list(self.graph.nodes)
self.adjMatrix = nx.adjacency_matrix(graph).todense()
```

该类使用下面方法计算给定颜色排列中的着色冲突数：

```
getViolationsCount(colorArrangement)
```

下面方法用于计算给定颜色排列中所使用的颜色数：

```
getNumberOfColors(colorArrangement)
```

此外，该类还提供以下公共方法，第一个方法计算给定颜色排列的总成本；第二个方法根据给定的颜色排列绘制着色节点的图。

```
getCost(colorArrangement)
plotGraph(colorArrangement)
```

在该类的 main 方法中，运用该类的方法创建了一个 Petersen 图的实例并且为该问题测试了随机颜色排列(最多 5 种颜色)的候选解，同时将 hardConstraintPenalty 的值设置为 10：

```
gcp = GraphColoringProblem(nx.petersen_graph(), 10)
solution = np.random.randint(5, size = len(gcp))
```

结果输出如下：

```
solution = [2 4 1 3 0 0 2 2 0 3]
number of colors = 5
Number of violations = 1
Cost = 15
```

由于这个特殊的随机解使用 5 种颜色并导致一种着色冲突，因此计算的成本是 15。这个解如图 5-11 所示，图中包含了一个违规着色。

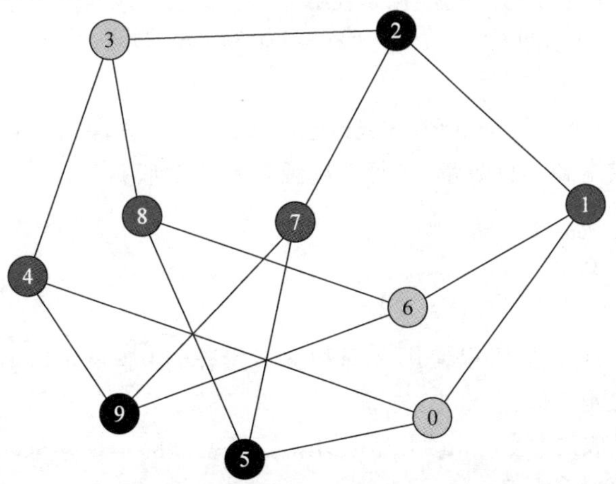

图 5-11　用 5 种颜色错误着色的 Petersen 图[①]

① 扫描二维码查看彩图。

5.5.4 节将应用遗传算法求解如何消除着色冲突同时减少使用的颜色数量的问题。

5.5.4 遗传算法求解

为了使用遗传算法求解图的着色问题，创建名为 03-solve-graphs.py 的 Python 程序，可在提供的示例代码中查看。

因为解的表示方式是一个整数列表，所以需要扩展一下使用二进制列表的遗传算法。以下步骤描述了求解要点。

(1) 创建一个 GraphColoringProblem 类的实例，实例参数为要求解的 NetworkX 图(本例中为熟悉的 Petersen 图)以及 hardConstraintPenalty 的期望值，该值通过设置 HARD_CONSTRAINT_PENALTY 的常量值完成：

```
gcp = graphs.GraphColoringProblem(nx.petersen_graph(),
HARD_CONSTRAINT_PENALTY)
```

(2) 当前目标是最小化成本，所以定义一个单一的目标，即最小化适应策略：

```
creator.create("FitnessMin", base.Fitness, weights = ( - 1.0,)):
```

(3) 由于解是由整数列表表示的，整数值代表参与的颜色，需要定义一个能够产生介于 0 到颜色数量减 1 的随机整数的生成器，生成的随机整数值表示参与的颜色之一。然后，定义一个解(个体)的生成器，它生成一个由这些随机整数组成，长度与给定图相匹配的列表，下面是为图中的每个节点随机分配颜色的方式。最后，定义创建整个种群的算子：

```
toolbox.register("Integers", random.randint, 0, MAX_COLORS - 1)
toolbox.register("individualCreator", tools.initRepeat,
creator.Individual, toolbox.Integers, len(gcp))
toolbox.register("populationCreator", tools.initRepeat, list,
toolbox.individualCreator)
```

(4) 通过调用 GraphColoringProblem 类的 getCost()方法，将适应度评价函数设置为计算着色违规的总成本和颜色数量(与每个单独的解相关联)：

```
def getCost(individual):
    return gcp.getCost(individual),
toolbox.register("evaluate", getCost)
```

(5) 对于遗传算子，仍然可以使用选择和交叉操作，但是变异算子需要修改，位反转变异用于二进制列表的元素值在 0 和 1 之间反转，这里需要在一个允许范围内，将给定的整数更改为另一个随机生成的整数，mutUniformInt 算子就能够实现这个功能(只需要像前面的 integers 算子那样设置范围)：

```
toolbox.register("select", tools.selTournament, tournsize = 2)
toolbox.register("mate", tools.cxTwoPoint)
toolbox.register("mutate", tools.mutUniformInt, low = 0,
```

```
up = MAX_COLORS - 1, indpb = 1.0/len(gcp))
```

(6) 继续采用精英保留的方法，即名人堂(HOF)成员(当前最优秀的个体)总是原封不动地传给下一代：

```
population, logbook = elitism.eaSimpleWithElitism(population,
toolbox, cxpb = P_CROSSOVER,                mutpb = P_MUTATION,
ngen = MAX_GENERATIONS, stats = stats, halloffame = hof,verbose = True)
```

(7) 算法结束，输出最优解的详细信息，然后绘制图像。

在运行程序之前，设置算法常量值，如下所示：

```
POPULATION_SIZE = 100
P_CROSSOVER = 0.9
P_MUTATION = 0.1
MAX_GENERATIONS = 100
HALL_OF_FAME_SIZE = 5
```

此外，将违反硬约束的惩罚设置为10，颜色数量设置为10：

```
HARD_CONSTRAINT_PENALTY = 10
MAX_COLORS = 10
```

基于以上设置，程序输出如下：

```
-- Best Individual = [5, 0, 6, 5, 0, 6, 5, 0, 0, 6]
-- Best Fitness = 3.0
number of colors = 3
Number of violations = 0
Cost = 3
```

此结果意味着该算法能够使用3种颜色(用整数0、5和6表示)找到图的正确着色。正如前面提到的，实际的整数值并不重要，重要的是它们之间的区别。3确实是已知的Petersen图的色数。图5-12为正确着色的Petersen图，说明了解的有效性。

图5-13描述了各代的最小适应度值和平均适应度值，可以看出，由于Petersen图规模相对较小，该算法很快就得到了解。

接下来尝试一个更大的图，用5阶的Mycielski图替换Petersen图，该图包含23个节点和71条边，已知的色数为5：

```
gcp = graphs.GraphColoringProblem(nx.mycielski_graph(5),
HARD_CONSTRAINT_PENALTY)
```

使用与之前相同的参数，包括10种颜色的设置，得到以下结果：

```
-- Best Individual = [9, 6, 9, 4, 0, 0, 6, 5, 4, 5, 1, 5, 1, 1, 6, 6, 9, 5, 9, 6, 5, 1, 4]
```

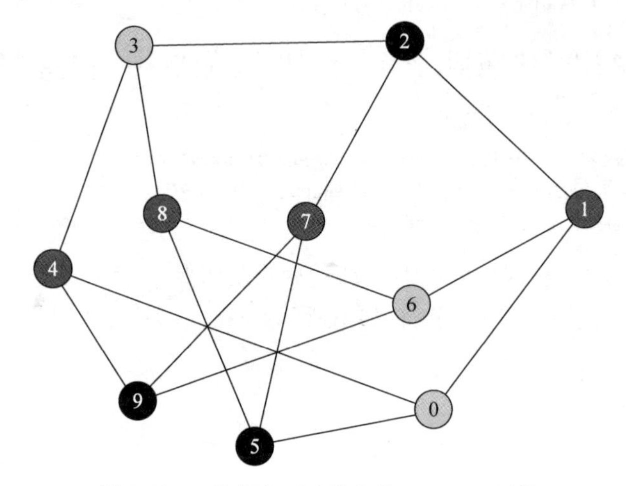

图 5-12　3 种颜色正确着色的 Petersen 图①

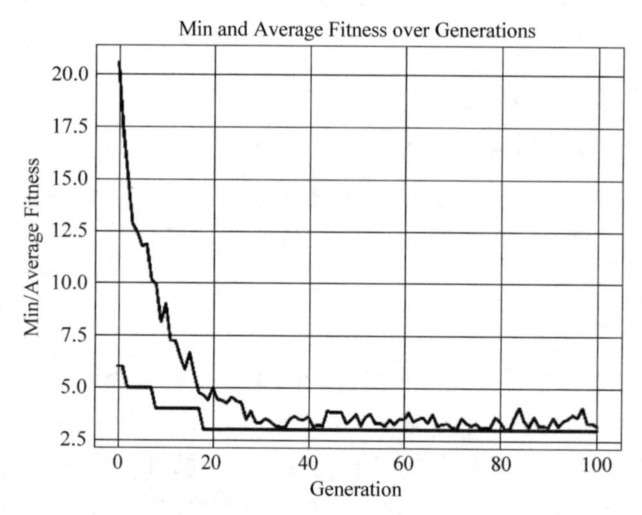

图 5-13　求解 Petersen 图的着色问题的迭代曲线

```
-- Best Fitness = 6.0
number of colors = 6
Number of violations = 0
Cost = 6
```

因为恰好知道这个图的色数是 5，所以虽然上面的解非常接近，但它并不是最优解。怎样才能实现最优解呢？如果事先不知道色数呢？实现这一点的一种方法是改变遗传算法的参数，例如，增加种群规模（可能还有名人堂规模）与/或增加迭代次数，另一种方法是重新开

① 扫描二维码查看彩图。

始相同的搜索,但颜色的数量要减少。因为算法找到了有 6 种颜色的解,所以我们将最大颜色数减少到 5 种,看看算法是否仍然可以找到有效的解:

```
MAX_COLORS = 5
```

为什么算法开始没有找到五色解而现在找到五色解呢?因为将颜色的数量从 10 个减少到 5 个,搜索空间大大减少了,在本例中,从 10^{23} 个减少到 5^{23} 个(因为在图中有 23 个节点),所以,即使在短时间运行和有限的种群规模下,算法也有更好的机会找到最优解。因此,虽然算法的第一次运行可能会接近解,但最好尝试不断减少颜色数,直到算法找不到更好的解为止。

在本例中,当算法从 6 种颜色开始时,可以很容易地找到五色解:

```
-- Best Individual = [0, 3, 0, 2, 4, 4, 2, 2, 2, 4, 1, 4, 3, 1, 3, 3, 4, 4, 2, 2, 4, 3, 0]
-- Best Fitness = 5.0
number of colors = 5
Number of violations = 0
Cost = 5
```

着色后的图见图 5-14。

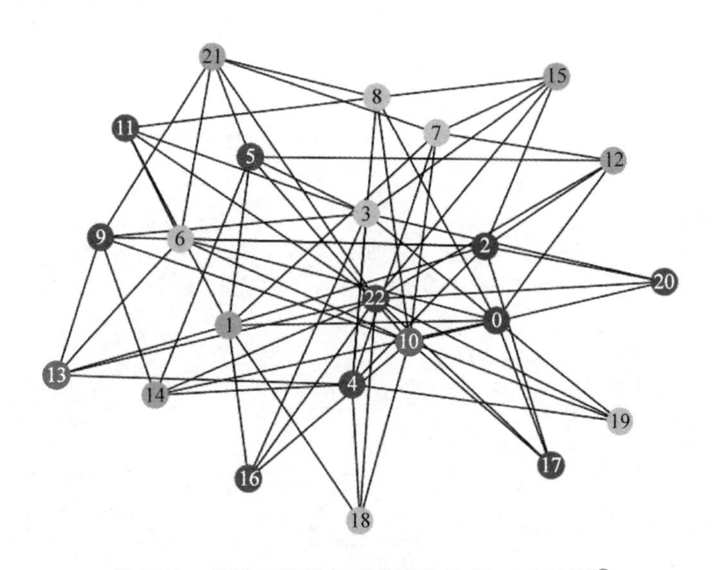

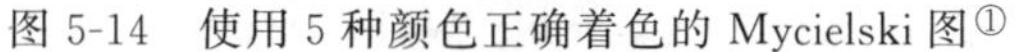
图 5-14 使用 5 种颜色正确着色的 Mycielski 图[①]

如果将最大颜色数减少到 4,我们将始终得到至少一个违约。

您也可以尝试使用该算法的其他参数设置处理图片。

① 扫描二维码查看彩图。

小结

本章首先介绍了约束满足问题，这是与先前研究的组合优化问题密切相关的一个问题。然后，探讨了 3 个典型的约束满足案例：*N*-皇后问题、护士排班问题和图着色问题，对于每一个问题，都遵循已经熟悉的流程，即找到一个解的适当的表示方式，创建一个封装问题和评估给定解的类，然后利用该类设计实现了一个遗传算法。最终，在熟悉硬约束与软约束的概念的同时，为这些问题找到有效的解。

到目前为止，我们一直在研究由状态和状态转换组成的离散搜索问题。第 6 章将研究连续空间中的搜索问题以证明遗传算法方法的通用性。

拓展阅读

[1] Prateek Joshi. Artificial Intelligence with Python[M]. USA：Packt，2017.

[2] Boschetti A，Massaron L. Python Data Science Essentials[M]. 2nd. USA：Packt，2016.

[3] NetworkX 教程[EB/OL]. https://networkx.github.io/documentation/stable/tutorial.html.

第 6 章

连续函数优化

本章介绍如何利用遗传算法解决连续空间优化问题。首先，介绍基于实数种群的遗传算法中常用的染色体和遗传算子，并讨论了 DEAP 框架为这个领域提供的工具；然后，介绍几个连续函数优化问题的实际例子和 DEAP 框架下基于 Python 的解，其中包括 Eggholder 函数优化、Himmelblau 函数优化以及 Simionescu 函数的约束优化；最后，介绍了如何使用小生境、共享和约束处理技术来找到多个解。

本章主要涉及以下主题：

- 了解用于实数的染色体和遗传算子；
- 使用 DEAP 优化连续函数；
- 优化 Eggholder 函数；
- 优化 Himmelblau 函数；
- 求解 Simionescu 函数定义的约束优化问题；
- 利用并行和串行小生境定位多模态函数的多个最优解。

6.1 技术要求

本章将在 Python 3 中使用以下支持库：deap、numpy、matplotlib、seaborn。

6.2 实数染色体与实数遗传算子

前面几章重点讨论了搜索问题，这些问题从本质上对状态和状态之间转换进行了系统评估，因此，搜索问题的解最适合用二进制或整数参数的列表（或数组）来表示。而本章涉及问题的解空间是连续的，也就是说，解是由实数（浮点数）组成的，正如在第 2 章中提到的，使用二进制或整数列表表示实数的方法非常不理想。目前，普遍认为实数列表（或数组）是一种更简单、更好的方法。

现在复习一下第 2 章中的例子，如果有一个涉及 3 个实值参数的问题，染色体如下所示：

```
[x1, x2, x3]
```

其中，x_1，x_2，x_3 表示实数，例如：

```
[1.23, 7.2134, -25.309] 或者 [-30.10, 100.2, 42.424]
```

整数编码染色体和基于实数的染色体可以采用相同的选择算子，但是对基于实数编码的染色体来说，还需要专门的交叉和变异算子，这些操作通常是逐维应用的，如下所示。

假设有两条染色体：$[x_1,x_2,x_3]$ 和 $[y_1,y_2,y_3]$。交叉算子分别应用于每个维度，后代$[o_1,o_2,o_3]$将根据下面方式创建：

(1) o_1 是 x_1 和 y_1 之间应用交叉算子的结果。

(2) o_2 是 x_2 和 y_2 之间应用交叉算子的结果。

(3) o_3 是 x_3 和 y_3 之间应用交叉算子的结果。

类似的，变异算子也是单独应用于每个维度，因此 o_1、o_2 和 o_3 中的每一个都可能受变异影响。

一些常用的实数编码操作有：

(1) **混合交叉(BLX)**，其中每个后代是从其父代双亲创建的以下间隔中随机选择的：

$$[\text{parent}_1 - \alpha(\text{parent}_2 - \text{parent}_1), \text{parent}_2 + \alpha(\text{parent}_2 - \text{parent}_1)]$$

α 值通常设置为 0.5，这会导致选择间隔的宽度是父代双亲之间间隔的两倍。

(2) **模拟二进制交叉(SBX)**，其中利用下面公式，两个双亲创建两个后代，保证后代的平均值等于双亲的平均值：

$$\text{offspring}_1 = \frac{1}{2}[(1+\beta)\text{parent}_1 + (1-\beta)\text{parent}_2]$$

$$\text{offspring}_2 = \frac{1}{2}[(1-\beta)\text{parent}_1 + (1+\beta)\text{parent}_2]$$

β 的值称为**扩散因子**，是利用随机值和一个预先确定的参数组合计算出来的，这个预先确定的参数被称为 η（或**分布指数**，或**拥挤因子**），η 值越大，后代越接近双亲，η 的取值一般为 10～20。

(3) **正态分布**（或**高斯**）**变异**，其中使用正态分布生成的随机数代替初始值，该正态分布的平均值和标准差是提前设置的。

6.3 节将详细介绍 DEAP 框架是如何支持实数编码染色体和遗传算子。

6.3 连续函数下的 DEAP 应用

DEAP 框架不仅可以解决离散搜索问题，也可以用于优化连续函数，其方式与前面学习的非常相似，所需要的只是一些细微的修改。

对于染色体编码，可以使用浮点数类型的列表（或数组），但需要注意，由于 numpy.ndarray 类扩展的个体对象的切片方式和比较方式的原因，DEAP 现有的遗传算子将无法在个体对象上正常运行。因此，使用基于 numpy.ndarray 的个体需要重新定义相应的遗传算子，在 DEAP 的文档 *Inheriting from NumPy* 中有进一步介绍。之后，鉴于性能原因，在使用 DEAP 时通常首选 Python 的普通列表或浮点数类型数组。

作为实数编码的遗传算子，在 DEAP 框架的 crossover 模块和 mutation 模块中提供了几种现有的实现方法包含。

(1) cxBlend()实现 DEAP 的混合杂交，使用参数 α。

(2) cxSimulatedBinary()实现模拟二进制交叉，使用参数 η(拥挤因子)值。

(3) mutGaussian()实现正态分布变异，分别使用参数 μ 和 δ 作为均值和标准差的值。

此外，由于连续函数的优化通常是在特定的有界区域而不是整个空间上进行的，因此 DEAP 提供了一对接收边界参数的算子，并保证得到的个体在这些边界内：

(1) cxSimulatedBinaryBounded()：是 cxSimulatedBinary()操作的一个有界版本，分别接收 low 和 up 参数作为搜索空间的上下限。

(2) mutpolinomialBounded()：是一个有界变异操作，该操作利用多项式函数(代替高斯函数)作为概率分布。此操作还接收参数 low 和 up 作为搜索空间的上下边界。此外，它使用参数 η 作为拥挤因子，其中，较大的适应度值将产生接近其原始值的变异，而较小的适应度值将产生与原始值差异较大的变异。

6.4 优化 Eggholder 函数

Eggholder 函数通常用作优化算法的基准测试，如图 6-1 所示，由于该函数存在大量的局部极小值，因此寻找该函数唯一的全局极小值是非常困难的。

函数的数学表达式如下：

$$f(x,y)=-(y+47)\sin\sqrt{\left|\frac{x}{2}+(y+47)\right|}-x\sin\sqrt{|x-(y+47)|}$$

函数通常在每个维度上以[－512,512]为界的搜索空间上求值。

已知函数的全局极小值位于：

$$x=512,\quad y=404.2319$$

在此坐标下，函数的值为－959.6407。

6.4.1 利用遗传算法优化 Eggholder 函数

为优化 Eggholder 函数，创建了基于遗传算法的程序 01-optimize-eggholder.py，网址是：https://github.com/PacktPublishing/Hands-On-Genetic-Algorithms-with-Python/blob/master/Chapter06/01-optimize-Eggholder.py。

以下步骤为该程序的主要部分。

(1) 设置函数的常量值，即输入维数以及前面提到的边界，因为该函数是在 x-y 平面上定义的，所以输入维数为 2：

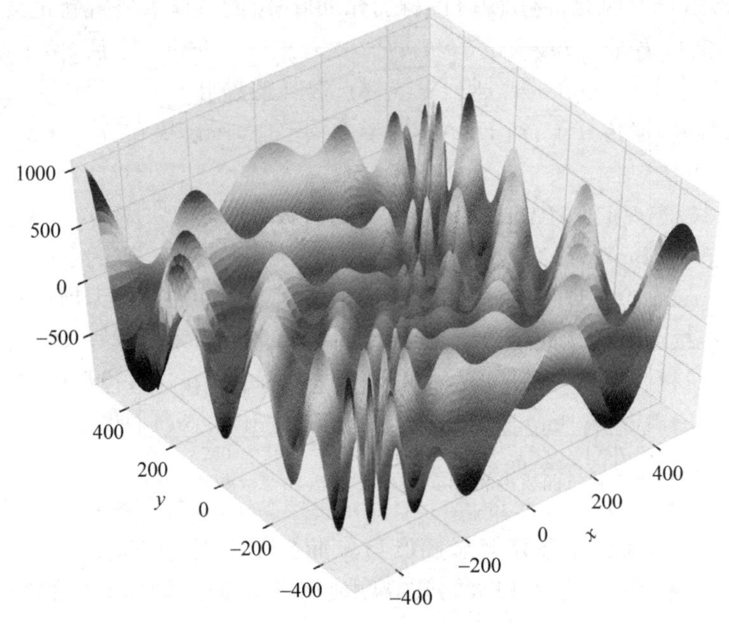

图 6-1　Eggholder 函数

(资料来源：https://en.wikipedia.org/wiki/File：Eggholder_function.pdf. 图片作者：Gaortizg 根据 Creative Commons CC BY-SA 3.0 授权：https://creativecommons.org/licenses/by-a/3.0/dead.en)

```
DIMENSIONS = 2                          # number of dimensions
BOUND_LOW, BOUND_UP = -512.0, 512.0     # boundaries, same for all
Dimensions
```

(2) 由于处理的是在某些特定界限内的浮点数，因此需要定义一个辅助函数，该函数用于创建随机浮点数，并在给定范围内满足均匀分布。

注意：该辅助函数假设所有维度的上界和下界是相同的：

```
def randomFloat(low, up):
return [random.uniform(l, u) for l, u in zip([low] * DIMENSIONS, [up] * DIMENSIONS)]
```

(3) 定义 attrFloat 算子。此算子利用前面的辅助函数在给定的边界内创建单个随机浮点数，然后，通过 individualCreator 算子，attrFloat 算子创建随机个体，最后通过 populationCreator 算子可以生成所需数量的个体：

```
toolbox.register("attrFloat", randomFloat, BOUND_LOW, BOUND_UP)
toolbox.register("individualCreator", tools.initIterate,
creator.Individual, toolbox.attrFloat)
toolbox.register("populationCreator", tools.initRepeat, list,
toolbox.individualCreator)
```

(4) 最小化的对象是 Eggholder 函数，可直接使用它作为适应度评估器。由于个体是一个维度(或长度)为 2 的浮点型数值列表，从相应个体中提取 x 和 y 值，然后进行函数计算：

```
def eggholder(individual):
    x = individual[0]
    y = individual[1]
    f = (-(y + 47.0) * np.sin(np.sqrt(abs(x/2.0 + (y + 47.0))))
    - x * np.sin(np.sqrt(abs(x - (y + 47.0)))))
    return f,                              # return a tuple
toolbox.register("evaluate", eggholder)
```

(5) 考虑遗传算子。选择算子与个体类型相互独立，继续采用前述多次使用的规模为 2 的锦标赛选择配合精英保留策略。另一方面，交叉和变异算子需要专门用于给定边界内的浮点数，因此使用 DEAP 提供的 cxSimulatedBinaryBounded 算子进行交叉操作，并使用 mutPolynomialBounded 算子进行变异操作：

```
# Genetic operators:
toolbox.register("select", tools.selTournament, tournsize=2)
toolbox.register("mate", tools.cxSimulatedBinaryBounded,
low=BOUND_LOW, up=BOUND_UP, eta=CROWDING_FACTOR)
toolbox.register("mutate", tools.mutPolynomialBounded,
low=BOUND_LOW, up=BOUND_UP, eta=CROWDING_FACTOR, indpb=1.0/DIMENSIONS)
```

(6) 使用精英保留版的 DEAP 遗传算法流程，其中，名人堂成员将直接转移到下一代，而不受遗传算子的影响：

```
population, logbook = elitism.eaSimpleWithElitism(population,
toolbox, cxpb=P_CROSSOVER, mutpb=P_MUTATION,
ngen=MAX_GENERATIONS, stats=stats, halloffame=hof, verbose=True)
```

(7) 由于 Eggholder 函数优化比较困难，又考虑到维数较低，这里将使用相对较大的种群规模，为遗传算法设置以下参数。

```
# Genetic Algorithm constants:
POPULATION_SIZE = 300
P_CROSSOVER = 0.9
P_MUTATION = 0.1
MAX_GENERATIONS = 300
HALL_OF_FAME_SIZE = 30
```

(8) 除了设置前面讲的普通遗传算法常量值，还需要设置一个新的交叉和变异算子都使用的拥挤因子 η：

```
CROWDING_FACTOR = 20.0
```

注意：也可以为交叉和变异定义单独的拥挤因子。

在上述设置下，运行程序，输出如下：

```
-- Best Individual = [512.0, 404.23180541839946]
-- Best Fitness = -959.6406627208509
```

结果显示算法找到了全局极小值。如果检查程序生成的迭代曲线图，如图6-2所示，可以看出，算法立刻找到了一些局部极小值，然后进行了小的增量改进，直到最终找到全局极小值。

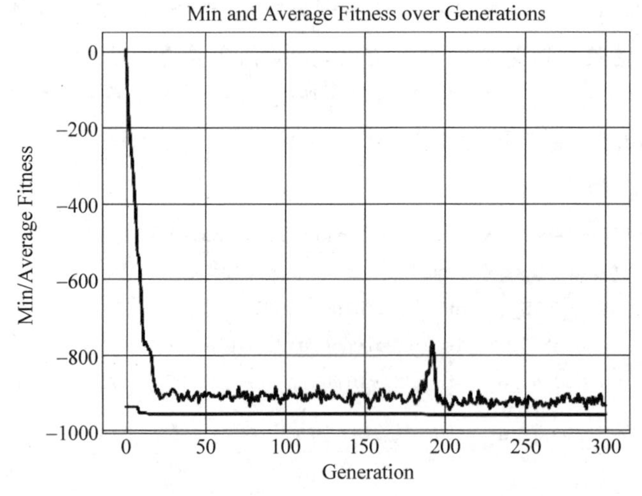

图6-2 优化Eggholder函数的第一个程序的迭代曲线图

6.4.2 增加变异率来提高速度

如果放大适应度轴的较低部分，会注意到在180代左右有了较大的改善，找到了最佳结果，同时伴随着平均结果的大幅波动，具体如图6-3所示。

对这个现象的一个解释是：引入更多的噪声可以更快地获得更好的结果。这是众所周知的**开发和探索**原理的另一种表现——增加探索(图中表现为噪声)可以帮助算法更快地定位全局极小值。增加探索范围的一个简单方法是提高变异的概率，同时使用精英保留策略(保持最佳结果不受影响)避免过度搜索而导致的随机搜索行为。

为了验证这个想法，将变异概率从0.1增加到0.5：

```
P_MUTATION = 0.5
```

运行修改后的程序，再次找到了全局极小值，但这次速度更快，从图6-4所示的输出和统计图中可以明显看出，最佳结果很快达到最佳值，同时平均值比之前更嘈杂，与最佳结果的距离也更大。

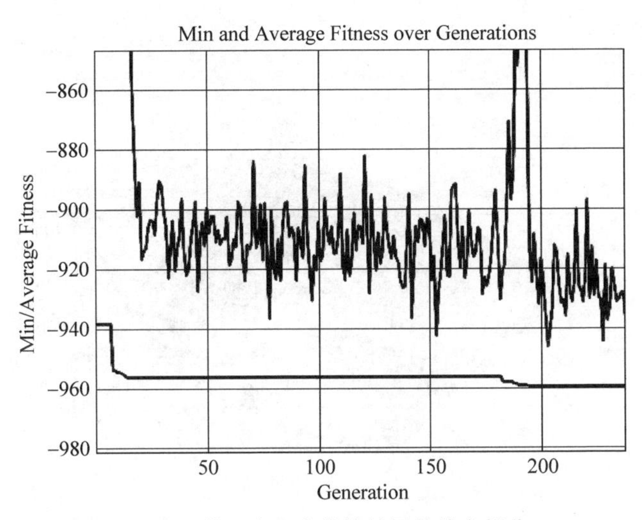

图 6-3　第一个程序的统计图的放大部分

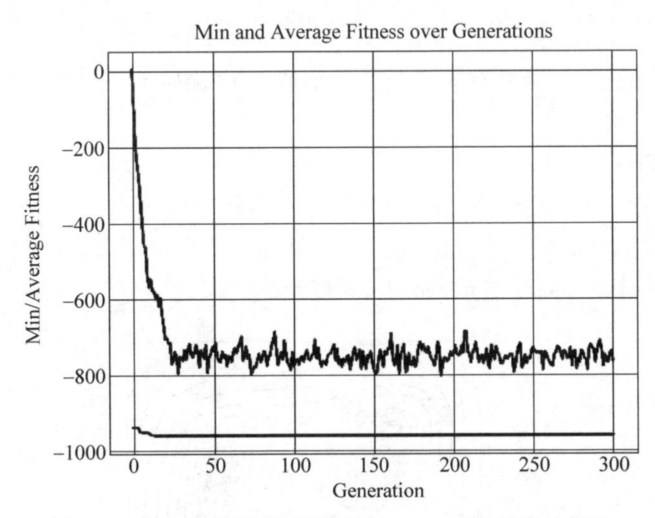

图 6-4　提高变异概率,优化 Eggholder 函数的统计信息

6.5　优化 Himmelblau 函数

Himmelblau 函数也是一个常用于优化算法的标准测试函数,如图 6-5 所示。

函数的数学表达式如下:

$$f(x,y)=(x^2+y-11)^2+(x+y^2-7)^2$$

函数的搜索空间中每个维度以[−5,5]为界。

虽然 Himmelblau 函数相对 Eggholder 函数简单一些,但它是多模态的,具有不止一个

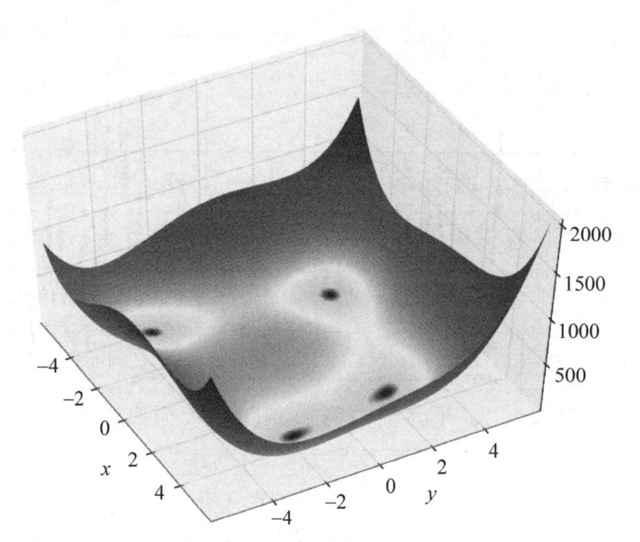

图 6-5 Himmelblau 函数

(来源：https://commons.wikimedia.org/wiki/File：Himmelblau_function.svg.作者：Morn the Gorn)

全局极小值。准确地说，该函数有 4 个全局极小值 0，位置如下：

(1) $x=3.0,y=2.0$。

(2) $x=-2.805\,118,y=3.131\,312$。

(3) $x=-3.779\,310,y=-3.283\,186$。

(4) $x=3.584\,458,y=-1.848\,126$。

这些位置可用函数等高线表示，如图 6-6 所示。

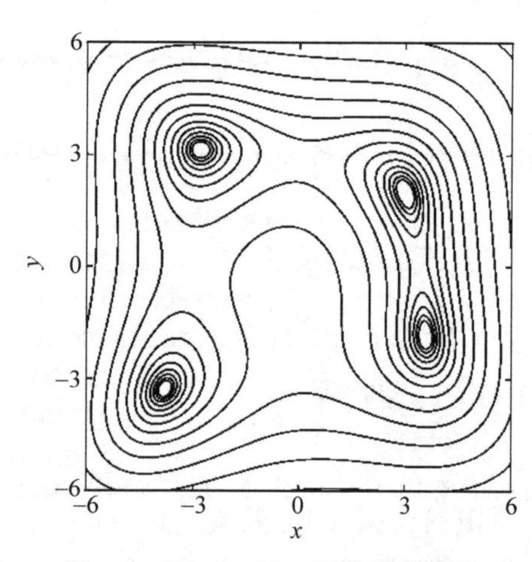

图 6-6 Himmelblau 函数的等高线

(来源：https://commons.wikimedia.org/wiki/File：Himmelblau_contour.svg.图片作者：Nicoguaro。根据 CC BY-SA 4.0 授权共享：https://creativecommons.org/licenses/by/4.0/deed.en.)

当优化多模态函数时，常希望找到所有（或大部分）的极小值坐标。

6.5.1 用遗传算法优化 Himmelblau 函数

为寻找 Himmelblau 函数的极小值，创建基于 Python 的遗传算法程序 02-optimize-himmelblau.py，程序文件可在示例代码中查看。

该程序与优化 Eggholder 函数的程序类似，其差异如下。

（1）函数的边界为[−5.0，5.0]：

```
BOUND_LOW, BOUND_UP = -5.0, 5.0        # boundaries for all Dimensions
```

（2）使用 Himmelblau 函数作为适应度评估函数：

```
def himmelblau(individual):
x = individual[0]
y = individual[1]
f = (x ** 2 + y - 11) ** 2 + (x + y ** 2 - 7) ** 2
return f,                                # return a tuple
toolbox.register("evaluate", himmelblau)
```

（3）由于 Himmelblau 函数有几个极小值，因此程序运行结束时，最好能够观察解的分布。因此，在同一 x-y 平面上添加一个散点图，其中包含 4 个全局极小值的坐标和最终种群的坐标：

```
plt.figure(1)
globalMinima = [[3.0, 2.0], [-2.805118, 3.131312], [-3.779310,
-3.283186], [3.584458, -1.848126]]
plt.scatter(*zip(*globalMinima), marker='X', color='red',zorder=1)
plt.scatter(*zip(*population), marker='.', color='blue',zorder=0)
```

（4）输出名人堂成员名单（运行过程中发现的最佳个体）：

```
print("- Best solutions are:")
for i in range(HALL_OF_FAME_SIZE):
print(i, ": ", hof.items[i].fitness.values[0], " -> ",hof.items[i])
```

运行程序，结果表明找到了 4 个极小值中的一个（$x=3.0$，$y=2.0$）：

```
-- Best Individual = [2.9999999999987943, 2.0000000000007114]
-- Best Fitness = 4.523490304795033e-23
```

名人堂成员名单的输出结果表明，它们都表示同一个解：

```
- Best solutions are:
0 : 4.523490304795033e-23 -> [2.9999999999987943, 2.0000000000007114]
1 : 4.523732642865117e-23 -> [2.9999999999987943, 2.000000000000697]
2 : 4.523900512465748e-23 -> [2.9999999999987943, 2.0000000000006937]
```

```
3 : 4.5240633333565856e-23 ->[2.9999999999987943, 2.00000000000071]
...
```

图 6-7 说明了整个种群的分布，进一步证实了遗传算法已收敛到函数的 4 个极小值中的一个，即($x=3.0$，$y=2.0$)。

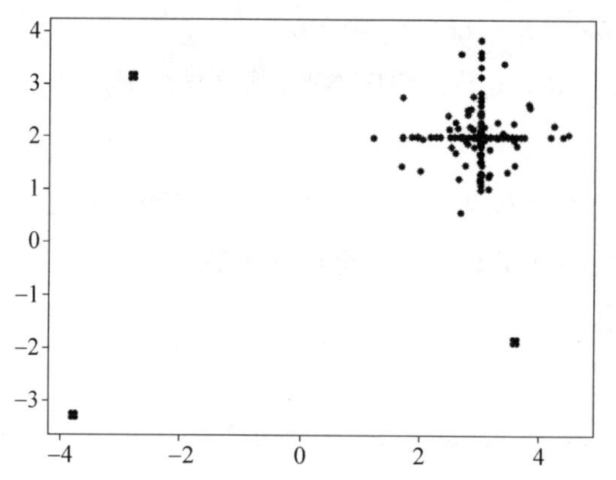

图 6-7　第一次运行结束时种群的散点图，以及函数的 4 个极小值

另外，可发现种群中许多个体的 x 或 y 分量都是找到的极小值。

上面的结果代表了对遗传算法的期望——识别全局最优值并向其收敛。因此，在这个函数有数个极小值的例子中，算法按照期望收敛于其中一个极小值，选择哪一个主要取决于算法中随机数的初始化。如前所述，在目前所有的程序中，一直使用固定的随机种子(值为 42)：

```
RANDOM_SEED = 42
random.seed(RANDOM_SEED)
```

这种做法可以使结果具有可重复性，但是，在实际应用中，我们通常会使用不同的随机种子运行程序，要么注释掉这些行，要么将常量直接设置为不同的值。

例如，将随机种子设置为 13，得到解($x=-2.805118$，$y=3.131312$)，如图 6-8 所示。

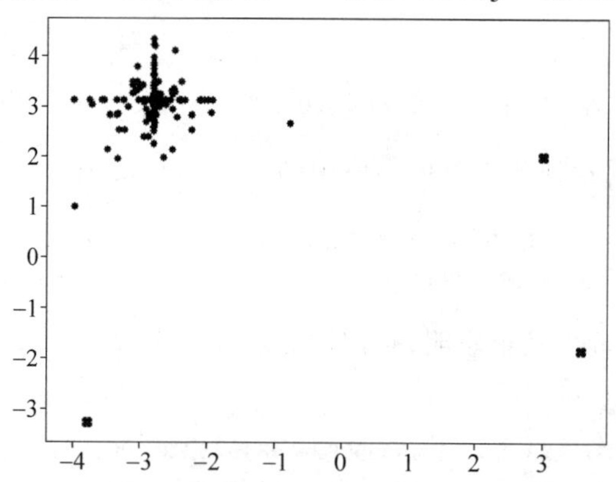

图 6-8　第二次运行结束时种群的散点图，以及函数的 4 个极小值

如果将随机种子改为 17,执行程序,将得到解($x=3.584458, y=-1.848126$),如图 6-9 所示。

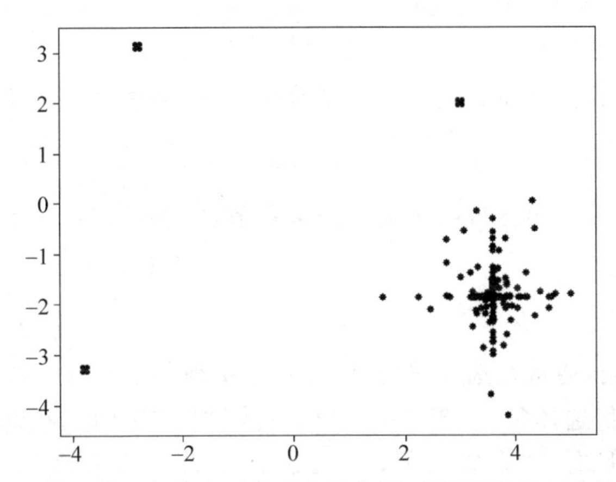

图 6-9　第三次运行结束时种群的散点图,以及函数的四个极小值

能不能在一次运行中找到所有的极小值呢? 我们将在 6.5.2 节介绍遗传算法如何实现这一目标。

6.5.2　利用小生境和共享来寻找多个解

第 2 章提到过遗传算法中的小生境和共享,它模拟了自然环境中多个亚环境或小生境的运行方式。这些小生境是由不同的物种或子种群组成的,它们利用每个小生境中可用的独特资源,其中在同一小生境中共存的样本需竞争相同的资源。

在遗传算法中,实现共享机制鼓励个体探索新的小生境,这可以用于寻找多个最优解,每个最优解都可被认为是一个小生境。实现共享的一种常见方法是将每个个体的原始适应度分享给所有其他个体的组合距离(或它的某些函数),并通过在个体之间共享本地奖励,从而有效地惩罚拥挤的种群。

可尝试在 Himmelblau 函数的优化过程中应用小生境和共享机制,看看能否在一次运行中找到所有 4 个极小值,通过 03-optimize-himmelblau-sharing.py 程序实现,可在提供的示例代码中查看。

此程序是在上一个程序的基础上修改得到的,描述如下。

(1) 共享机制的实现通常要求优化一个能产生正适应度值的函数,并寻找极大值而不是极小值。通过增加适应度和相邻个体共享资源的方式,把原始的适应度进行划分。由于 Himmelblau 函数生成的值为 0～2000,因此可以使用一个转换函数,返回 2000 减去原始值得到的值,来保证所有函数值都是正的,同时将极小值转换为极大值,极大值为 2000。注意,这些点的坐标不会改变,所以找到它们仍然是我们的目标:

```
def himmelblauInverted(individual):
x = individual[0]
```

```
    y = individual[1]
    f = (x ** 2 + y - 11) ** 2 + (x + y ** 2 - 7) ** 2
    return 2000.0 - f, # return a tuple
toolbox.register("evaluate", himmelblauInverted)
```

(2) 为了实现转换,需要重新定义适应度策略,即一个最大适应度策略:

```
creator.create("FitnessMax", base.Fitness, weights = (1.0,))
```

(3) 为了实现共享,需要设置两个额外的常量值:

```
DISTANCE_THRESHOLD = 0.1
SHARING_EXTENT = 5.0
```

(4) 实现共享机制,通常在选择遗传算子内,来实现共享机制。选择算子检查所有个体的适应度值并为下一代选择父代,在这里可以通过添加一些代码,在选择之前重新计算这些适应度值,然后检索原始的适应度值,以便进行追踪。为实现这一点,应用一个新的selTournamentWithSharing()函数,与一直使用的原始的 tools.selTournament()函数具有相同的参数:

```
def selTournamentWithSharing(individuals, k,
                            tournsize, fit_attr = "fitness"):
```

这个函数首先将原来的适应度值保存起来,以便后期可以检索它们,然后遍历所有个体并计算 shearingSum 的值,最后用适应度值除以这个值。这个总和的值是通过计算当前个体的坐标和种群中其他个体的坐标之间的距离来累加的,如果这个距离小于 DISTANCE_THRESHOLD 常数定义的阈值,则在累加和中添加下面的值:

$$1-\frac{\text{distance}}{\text{DISTANCE\_THRESHOLD}}\times\frac{1}{\text{SHARING\_EXTENT}}$$

这意味着在下列情况下,适应度值会大幅降低,个体之间的(归一化)距离很小,共享程度常数较大。重新计算每个个体的适应度值后,使用新的适应度值进行锦标赛选择:

```
selected = tools.selTournament(individuals, k, tournsize, fit_attr)
```

最后,恢复原始适应度值:

```
for i, ind in enumerate(individuals):
    ind.fitness.values = origFitnesses[i],
```

(5) 添加了一个图形,在 x-y 平面上显示最佳个体(名人堂成员)的坐标,以及已知的最佳坐标,类似于已经为整个种群所做的那样:

```
plt.figure(2)
plt.scatter(*zip(*globalMaxima), marker = 'x', color = 'red', zorder = 1)
plt.scatter(*zip(*hof.items), marker = '.', color = 'blue', zorder = 0)
```

运行这个程序后,结果没有让人失望,检查名人堂成员,找到了 4 个最佳坐标:

```
- Best solutions are:
0 : 1999.9997428476076 -> [3.00161237138945, 1.9958270919300878]
1 : 1999.9995532774788 -> [3.585506608049694, -1.8432407550446581]
2 : 1999.9988186889173 -> [3.585506608049694, -1.8396197402430106]
3 : 1999.9987642838498 -> [-3.7758887140006174, -3.285804345540637]
4 : 1999.9986563457114 -> [-2.8072634380293766, 3.125893564009283]
...
```

图 6-10 的名人堂成员分布图表进一步证实了这一点。

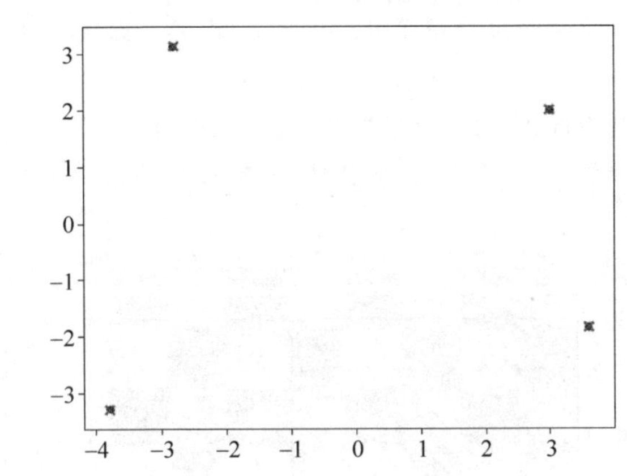

图 6-10　使用小生境时，最优解的散点图以及函数的 4 个极小值

同时，图 6-11 描绘整个种群分布，展示了种群如何分散在 4 个解中。

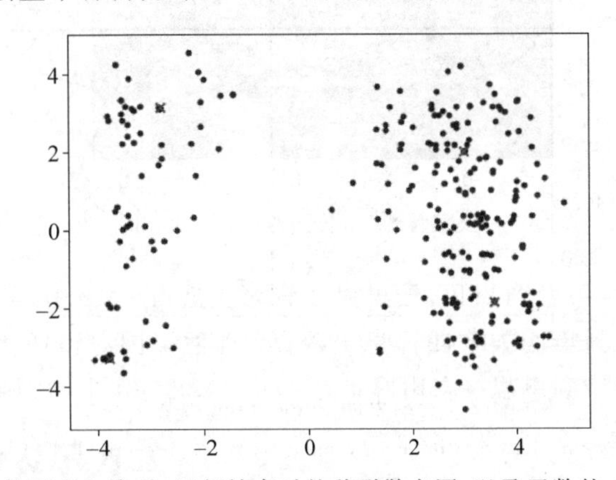

图 6-11　使用小生境时，运行结束时的种群散点图，以及函数的 4 个极小值

尽管这个结果看上去不错，但是要注意上面的方法在实际工作中很难实现。首先，对选择过程的修改增加了算法的计算复杂度和消耗的时间；其次，通常需要增加种群规模以便能够充分覆盖所有感兴趣的搜索区域。在某些情况下，共享常数的值也难以确定，例如，事先不知道各个峰值之间的距离有多近。但还是可以使用这种方法粗略地定位感兴趣的搜索区域，然后使用标准版本的算法进一步搜索每一个区域。

6.6 节将学习另一种寻找多个最优点的方法，它属于约束优化的范畴。

6.6 Simionescu 函数与约束优化

乍看起来，Simionescu 函数并没有什么特殊之处，然而它有一个附加的约束，马上使其变得有趣起来。

该函数通常在每个维度上以[−1.25，1.25]为界的搜索空间上求解，其数学表达式如下：

$$f(x,y)=0.1xy$$

其中，x、y 的值满足以下条件：

$$x^2+y^2 \leqslant \left[1+0.2\cdot\cos\left(8\cdot\arctan\frac{x}{y}\right)\right]^2$$

此约束有效地限制了被认为对该函数有效的 x 和 y 值，结果如图 6-12 所示。

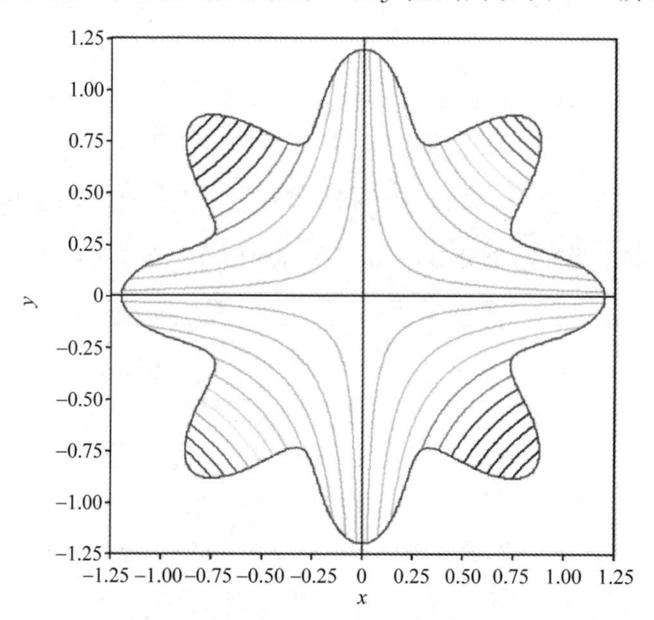

图 6-12 受约束的 Simionescu 函数等高线

（来源：https://commons.wikimedia.org/wiki/File:Simionescu%27s_function.PNG。图片作者：Simiprof。根据 CC BY-SA 3.0 授权共享：https://creativecommons.org/licenses/by-sa/3.0/deed.en。）

花形边界由约束条件创建，其中轮廓的颜色表示实际值，红色表示最高值，紫色表示最低值[①]。如果没有约束条件，极小值点应该是(1.25，−1.25)和(−1.25，1.25)，在约束条件下，函数的全局极小值坐标如下：

① 扫描二维码查看彩图。

（1）x＝0.84852813，y＝－0.84852813。

（2）x＝－0.84852813，y＝0.84852813。

这两个坐标代表了两个相对的带有紫色轮廓的花瓣的顶端，两个极小值均为－0.072。

下面将利用遗传算法程序找到这些极小值。

6.6.1 基于遗传算法的约束优化

第 5 章已经讨论了如何在搜索问题领域中处理约束。然而当离散搜索问题呈现出无效的状态或组合时，就需要进入连续空间进行讨论，而在连续空间内，一般将问题定义为数学不等式。

连续空间和离散空间对约束的处理方法是相似的，不同之处在于实现过程，常见处理方法包括以下几种。

（1）最好的方法是消除违反约束的可能性。实际上在本章一直在像前面那样在函数中使用有界区域，这些有界区域实际上是对每个输入变量的简单约束。可以通过在给定边界内生成初始种群，以及使用有界遗传算子（如 cxmulatedbinarybindined()）绕过约束，实现在给定的边界内产生结果。但是，当约束比输入变量的上下界更复杂时，这种方法就很难实现。

（2）丢弃违反任何给定约束的候选解。如前面提到的，这种方法会导致这些解中包含的信息丢失，并且会大大减慢优化过程。

（3）通过修改任何违反约束的候选解，使其不再违反约束。这种方法很难实现，也会导致严重的信息丢失。

（4）第 5 章提到的有效方法是通过降低解的得分和降低其可取性来惩罚违反约束的候选解。对于搜索问题，可通过创建一个成本函数来实现，该函数为每个违反约束添加了一个固定的成本。这里，在连续空间的情况下，可以使用固定的惩罚，也可以根据违反约束的程度增加惩罚。

当采用最后一种方法惩罚违反约束时，可以利用 DEAP 框架提供的一个函数，即**惩罚函数**。

6.6.2 用遗传算法优化 Simionescu 函数

优化 Simionescu 函数创建基于遗传算法的 Python 程序 04-optimize-simionescu.py 中，可在提供的示例代码中查看。

该程序与本章使用的第一个程序非常相似，是以 Eggholder 函数为原型创建的，与本章中使用的第一个程序非常相似，但有以下几点不同。

（1）设置边界的常量值以匹配 Simionescu 函数的定义域：

```
BOUND_LOW, BOUND_UP =  -1.25, 1.25
```

(2) 设置一个新常量值用来表示一个违反约束的固定惩罚(或成本):

```
PENALTY_VALUE = 10.0
```

(3) 适应度由定义的 Simionescu 函数确定:

```
def simionescu(individual):
x = individual[0]
y = individual[1]
f = 0.1 * x * y
return f, # return a tuple
toolbox.register("evaluate",simionescu)
```

(4) 定义一个新的 feasible()函数,它通过指定有效的输入范围来进行约束。对于符合约束的 x、y 值,此函数返回 True 值,否则返回 False 值:

```
def feasible(individual):
x = individual[0]
y = individual[1]
return x ** 2 + y ** 2 <= (1 + 0.2 * math.cos(8.0 *
math.atan2(x, y))) ** 2
```

(5) 使用 DEAP 的 toolbox.decorate()和 tools.DeltaPenalty()函数修改(或修饰)原适应度函数,这样当约束没有得到满足时,适应度值就会受到惩罚。DeltaPenalty()接受 feasible()函数和固定的惩罚值作为参数:

```
toolbox.decorate("evaluate", tools.DeltaPenalty(feasible,
PENALTY_VALUE))
```

DeltaPenalty 函数还可以接收第三个参数,该参数表示与可行区域的距离,能够导致惩罚随着距离的增加而增加。

运行程序,结果表明,确实发现了两个已知的极小值位置之一:

```
-- Best Individual = [0.8487712463169383, -0.8482833185888866]
-- Best Fitness = -0.07199984895485578
```

那么第二个坐标怎么办?请继续在 6.6.3 节中寻找答案。

6.6.3 使用约束寻找多个解

本章在优化 Himmelblau 函数时,找到了不止一个最小坐标,并得到两种优化方法:一种是改变随机种子,另一种是使用小生境和共享。本节将展示第三种方法——约束驱动。

用于 Himmelblau 函数的小生境方法有时被称为并行小生境,因为它可以同时定位多个解,但是它也有几个实际的缺点(前面提到过)。另一方面,串行小生境(或连续小生境)是一种一次找到一个解的方法。为了实现串行小生境，常使用遗传算法来寻找最优解，然后更新适应度函数，惩罚已经找到的解的区域，从而鼓励算法探索搜索空间的其他区域，此过程可以重复多次，直到找不到其他可行的解。

同时，也可以通过对搜索空间加以约束来惩罚已经找到解的周围区域，而且，与刚刚学习的如何将约束应用于 Simionescu 函数一样，也可以使用这些知识来实现串行小生境，如下所示。

为了找到 Simionescu 函数的第二个极小值，创建了名为 05-optimize-simionescu-second.py 的 Python 程序，可在提供的示例代码中查看。

该程序与 6.6.2 节程序几乎相同，但有如下一些更改。

(1) 添加一个常量，该常量定义了与先前找到的解之间的距离阈值，如果新解与任一个旧解的距离小于阈值，那么新解将会受到惩罚：

```
DISTANCE_THRESHOLD = 0.1
```

(2) 使用多分支条件语句在 feasible()函数中添加第二个约束，新的约束使输入个体到已有解($x=0.848, y=-0.848$)的距离小于阈值：

```
def feasible(individual):
x = individual[0]
y = individual[1]
if x**2 + y**2 > (1 + 0.2 * math.cos(8.0 * math.atan2(x,y)))**2:
return False
elif (x - 0.848)**2 + (y + 0.848)**2 < DISTANCE_THRESHOLD**2:
return False
else:
return True
```

运行此程序，结果显示找到了第二个极小值：

```
-- Best Individual = [-0.8473430282562487, 0.8496942440090975]
-- Best Fitness = -0.07199824938105727
```

建议读者将这个极小值点作为另一个约束添加到 feasible()函数中，并再次运行该程序进行验证，在输入空间中找不到其他任何相等极小值的坐标。

小结

本章首先介绍了连续空间搜索优化问题，以及如何使用遗传算法，特别是如何利用 DEAP 框架来表示和解决这些问题。然后，研究了连续函数优化问题的几个实际例子：Eggholder 函数、Himmelblau 函数和 Simionescu 函数以及基于 Python 的解决方法。最后，还讨论了寻找多个解和处理约束的方法。

本书的第三部分和第四部分将讲解如何将本书中所学的各种技术应用于解决机器学习

和人工智能相关的问题。第三部分将简要介绍有监督学习，并演示遗传算法是如何通过选择给定数据集的关键要素来改善学习模型的结果。

拓展阅读

[1] 数学优化：寻找函数的极小值[EB/OL]. http://scipy-lectures.org/advanced/mathematical_optimization/.

[2] 优化测试函数和数据集[EB/OL]. https://www.sfu.ca/~ssurjano/optimization.html.

[3] 约束优化简介[EB/OL]. https://web.stanford.edu/group/sisl/k12/optimization/MO-unit3-pdfs/3.1introandgraphical.pdf.

[4] DEAP中的约束处理[EB/OL]. https://deap.readthedocs.io/en/master/tutorials/advanced/constraints.html.

第3部分　遗传算法的人工智能应用

本部分重点介绍使用遗传算法来改进各种机器学习算法获得的结果。本部分包括以下章节：

- 第7章，使用特征选择改善机器学习模型；
- 第8章，机器学习模型的超参数优化；
- 第9章，深度学习网络的结构优化；
- 第10章，基于遗传算法的强化学习。

第 7 章

使用特征选择改善机器学习模型

本章介绍如何使用遗传算法从输入数据中选择最佳特征子集来提升有监督机器学习模型的性能。首先，简要介绍机器学习，说明有监督机器学习任务的两种主要类型——回归和分类；其次，讨论特征选择对这些模型性能提升的潜在好处；然后，介绍如何利用遗传算法找出由 Friedman-1 Test 回归问题生成的有效特征；最后，使用真实的 Zoo 数据集创建一个分类模型并通过应用遗传算法来分离出模型的最佳特征以提高该模型的分类准确性。

本章主要涉及以下主题：

- 理解有监督机器学习的基本概念，以及回归和分类任务；
- 理解特征选择对有监督学习模型性能提升的好处；
- 对于 Friedman-1 Test 回归问题，利用 DEAP 框架编码的遗传算法实现特征选择，改善回归模型的性能；
- 对于 Zoo 数据集分类问题，利用 DEAP 框架编码的遗传算法进行特征选择，改善分类模型的性能。

本章的开始部分将对有监督机器学习进行概述，如果您是经验丰富的数据科学家，则可以略过这部分内容。

7.1 技术要求

本章将在 Python 3 中使用以下支持库：deap、numpy、pandas、matplotlib、seaborn sklearn。此外，本章将使用 UCI-Zoo 数据集。

7.2 有监督机器学习

机器学习通常是指接收输入并产生输出的一个计算机程序，其目标是训练这个程序(模型)，为给定的输入生成正确的输出，同时无须显式编程。

在训练过程中，模型通过调整其内部参数来学习输入和输出之间的映射关系，训练模型的一种常见方法是为模型提供一组输入，其对应的正确输出是已知的，对于每一个输入，都告诉模型正确的输出是什么，以便模型能够自我调整，目的是为每个给定的输入产生期望的输出，这种调整就是学习过程的核心。

多年来，人们创建了许多机器学习模型，每个模型都有自己特定的内部参数，这些参数可以影响输入和输出之间的映射关系，并且这些参数的值可以调整，如图 7-1 所示。

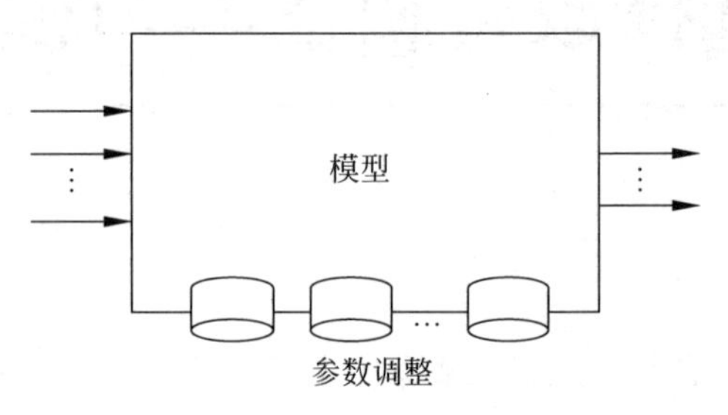

图 7-1 机器学习模型的参数调整

例如，如果要实现一个决策树模型，那么它可能包含多个 IF-THEN 语句，这些语句可以表述为：

```
IF < input value > IS LESS THEN < some threshold value > THEN < go to some target branch >
```

在这种情况下，目标分支的阈值和标识在学习过程中都是可以被调整或优化的参数。

为了调整内部参数，每种模型都附带一个**学习算法**，该算法遍历给定的输入和输出值，并寻求匹配每个给定输入的给定输出。为了实现这个目标，一个典型的学习算法是计算实际输出与期望输出之间的差异（或误差），并通过调整模型的内部参数来最小化该误差。

下面介绍有监督机器学习的两种主要类型：**分类**和**回归**。

7.2.1 分类

在实现分类时，模型需要确定某个输入属于哪个类别。每个类别由单个输出（称为标签）表示，而输入称为**特征参数**，如图 7-2 所示。

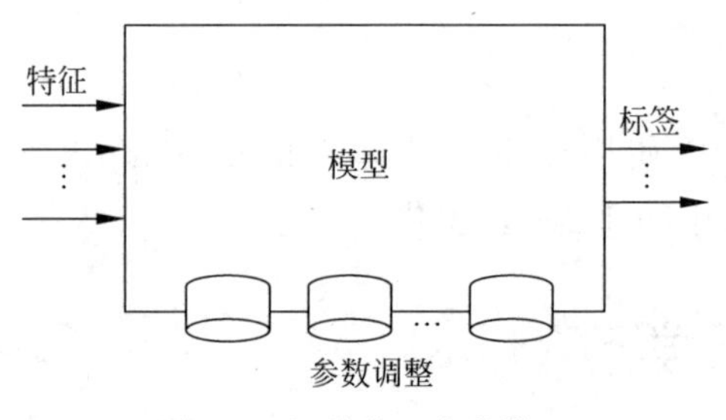

图 7-2 机器学习分类模型

如图 7-3 所示，在著名的鸢尾花数据集中，数据集内每条记录都有 4 个特征：**花瓣长度**、**花瓣宽度**、**萼片长度**和**萼片宽度**，这些特征代表了实际鸢尾花的人工测量值。在输出方面，有 3 个标签：**山鸢尾**、**维吉尼亚鸢尾**和**变色鸢尾**，代表 3 种不同类型的鸢尾花。

当把给定鸢尾花的人工测量值作为输入值，期望输出更多正确的标签。

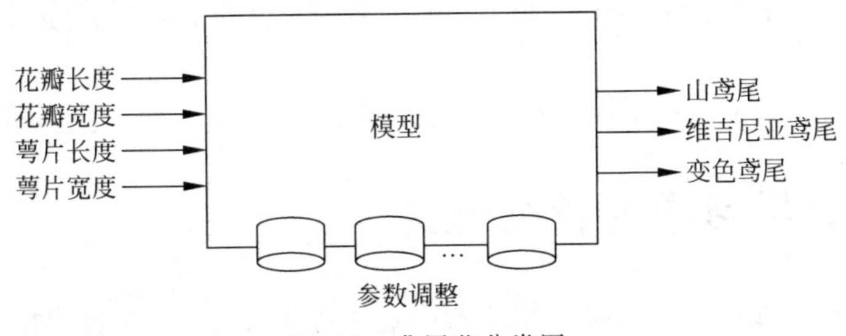

图 7-3 鸢尾花分类图

分类任务有许多实际应用，如银行贷款和信用卡审批、垃圾邮件检测、手写数字识别和人脸识别。在本章后面的各节将使用 Zoo 数据集介绍动物的分类。

下面将介绍第二种主要的有监督机器学习类型——回归。

7.2.2 回归

与分类任务不同，回归任务模型是将输入值映射到单个输出且输出为连续值，如图 7-4 所示。在给定输入值的情况下，模型可以预测正确的输出值。

在现实生活中，回归的例子包括预测股票价值、葡萄酒质量或房屋的市场价格，如图 7-5 所示。在图 7-5 中，输入是给定的房屋特征信息，输出是房价的预测值。

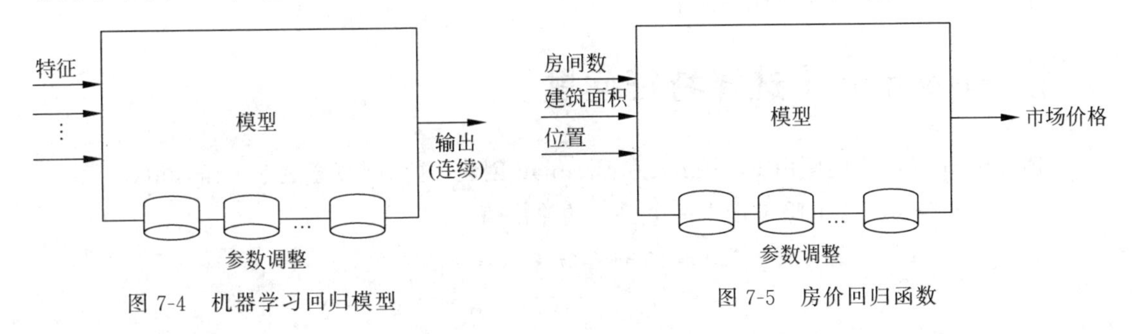

图 7-4 机器学习回归模型

图 7-5 房价回归函数

有许多模型可用于完成分类和回归任务，下面介绍其中的一些模型。

7.2.3 有监督学习算法

如前所述，每个有监督学习模型都由一组内部可调参数和一个算法组成，该算法可以调整这些参数以达到期望的结果。下面介绍一些常见的有监督学习模型/算法。

(1) **决策树**：一个利用树状图的算法族，其中分支点代表决策，分支代表结果。

(2) **随机森林**：算法在训练阶段创建大量的决策树，并使用它们输出的组合。

(3) **支持向量机**：算法将给定的输入映射为空间中的点，从而使属于不同类别的输入尽可能被更宽的间隔分隔开。

(4) **人工神经网络**：由多个简单节点或神经元组成的模型，这些节点或神经元可以以各种方式相互连接，每个连接有一个权重，该权重控制从一个神经元传递到下一个神经元的信号大小。

7.3节将介绍一些可以用来改进和提高这些模型性能的方法——特征选择。

7.3 有监督学习中的特征选择

有监督学习模型接收一组被称为特征的输入并将其映射到一组输出中。假设由特征描述的信息对相应的输出值有用，那么初步可以认为可以用作输入的信息越多，正确预测输出的可能就越大。然而，在很多情况下，情况恰恰相反，如果使用的一些特征是不相关或冗余的，就可能使模型的准确性下降(有时还非常显著)。

特征选择是指从整个给定的特征集合中选择最有益和最基本的特征集的一个过程，正确的特征选择除了提高模型的准确性外，还具有以下优点：

(1) 模型训练时间较短。

(2) 得到的训练模型更简单，更易于解释。

(3) 由此产生的模型可能提供更好的泛化能力，也就是说，当输入与训练时所使用的数据不同的新数据时，模型也会有较好的表现。

遗传算法是研究实现特征选择的一种很好的方法，7.4节将介绍如何应用遗传算法从人工生成的数据集中找到最佳特征集。

7.4 Friedman-1选择特征问题

Friedman-1回归问题由Friedman和Breiman创建，这个函数通过5个输入值(x_0，x_1，x_2，x_3，x_4)和随机产生的噪声产生一个单一的输出值y：

$$y(x_0,x_1,x_2,x_3,x_4)=10\cdot\sin(\pi\cdot x_0\cdot x_1)+20(x_2-0.5)^2+10x_3+5x_4+\text{noise}\cdot N(0,1)$$

其中，输入变量(x_0，x_1，x_2，x_3，x_4)是相互独立的，在区间[0,1]上满足均匀分布；最后一个分量是随机噪声，满足正态分布，并乘以noise常量，这决定了噪声的大小。

在Python中，scikit-learn(sklearn)库提供了make_friedman1()函数，该函数可以生成期望样本数量的数据集，每个样本由随机生成的(x_0，x_1，x_2，x_3，x_4)及其对应计算出的y值组成。如果n_features参数设置为大于5的值，函数会在原来的5个变量中添加任意数量的无关输入变量。例如，将n_features的值设置为15，将得到一个数据集，其中包含5个被用来根据上面公式计算y值的原始输入变量(或特征)，以及10个对输出完全无关的特征。这个函数可以用来测试各种回归模型对噪声和数据集中无关特征的适应能力。

可以利用Friedman-1函数来验证遗传算法实现特征选择机制的有效性。在测试中，通过make_friedman1()函数创建一个包含15个特征的数据集，并使用遗传算法搜索性能最佳的特征子集。假定只使用相关特征作为输入时，模型的准确性会更好。所以期望遗传算法能够选择前 5 个特征并舍弃其余的。遗传算法的适应度函数将使用回归模型，对于每个潜在的解（要使用的特征子集），模型将使用只包含被选定特征的数据集进行训练。

和之前一样，将从解的表示形式开始分析解决问题。

7.4.1　解的表示

算法的目的是找到一个能产生最佳性能特征的子集，因此，解需要指出选择了哪些特征和删除了哪些特征。一种显而易见的方法是使用二进制值列表来表示每个个体，该列表中的每个数值都对应于数据集中的一个特征，值 1 表示选择该特征，值 0 表示尚未选择该特征。这与在第 4 章中描述的 0-1 背包问题中使用的方法非常相似。

解中的每个 0 都会转换为从数据集中删除相应特征的数据列，7.4.2 节中将介绍这一点。

7.4.2　Python 问题表示

为了封装 Friedman-1 特征选择问题，创建了一个名为 Friedman1Test 的 Python 类，此类可在文件 friedman.py 中找到，可在提供的示例代码中查看。

Friedman1Test 类的主要内容如下所述。

(1) 该类的__init__()方法用于创建数据集：

```
self.X, self.y = datasets.make_friedman1(n_samples = self.numSamples,
                                         n_features = self.numFeatures,
                                         noise = self.NOISE,
                                         random_state = self.randomSeed)
```

(2) 然后使用 scikit-learn 库中的 model_selection.train_test_split()方法将数据分成两个子集——训练集和验证集：

```
self.X_train, self.X_validation, self.y_train,
self.y_validation = \
    model_selection.train_test_split(self.X, self.y,
    test_size = self.VALIDATION_SIZE, random_state = self.randomSeed)
```

将数据划分为一个训练集和一个验证集，首先在训练集上训练回归模型，将正确的结果提供给模型以实现训练的目的。然后用验证集测试模型，此时正确结果不会提供给模型，而是用于与模型产生的预测相比较，如此，就可以测试模型的泛化能力，而不是记忆训练数据。

(3) 建立回归模型，它是**梯度提升回归（Gradient Boosting Regression，GBR）**类型，该模型在训练阶段创建决策树的集合（或聚合）：

```
self.regressor = GradientBoostingRegressor(random_state = self.randomSeed)
```

注意：这里一并传递了随机种子，以便回归模型可以在内部使用它，这样就可以确保得到的结果是可重复的。

（4）该类的getMSE()方法用于确定梯度提升回归模型对一组选定特征的性能。它接收与数据集内的特征相对应的二进制值列表——值1表示选择相应的特征，值0表示删除该特征。最后，该方法将删除训练集和验证集中与未选定特征相对应的列：

```
zeroIndices = [i for i, n in enumerate(zeroOneList) if n == 0]
currentX_train = np.delete(self.X_train, zeroIndices, 1)
currentX_validation = np.delete(self.X_validation, zeroIndices,1)
```

（5）修改后的训练集（只包含选定的特征）用于训练回归模型，其中修改后的验证集用于评估回归模型的预测：

```
self.regressor.fit(currentX_train, self.y_train)
prediction = self.regressor.predict(currentX_validation)
return mean_squared_error(self.y_validation, prediction)
```

这里用来评估回归模型的指标是均方误差（MSE），它找出模型预测值和实际值之间的均方差，此值越低，表示回归模型的性能越好。

（6）该类的main()方法中创建了一个Friedman1Test类的实例，其中包含15个特征，然后，它反复使用getMSE()方法来评估带有前n个特征的回归模型的性能，其中n从1递增到15：

```
for n in range(1, len(test) + 1):
    nFirstFeatures = [1] * n + [0] * (len(test) - n)
    score = test.getMSE(nFirstFeatures)
```

在第一次运行main()方法的时候，结果显示，当一个个地添加前5个特征时，回归模型性能不断提高，但是在那之后，每一个附加的特征都会降低回归模型的性能：

```
1 first features: score = 47.553993
2 first features: score = 26.121143
3 first features: score = 18.509415
4 first features: score = 7.322589
5 first features: score = 6.702669
6 first features: score = 7.677197
7 first features: score = 11.614536
8 first features: score = 11.294010
9 first features: score = 10.858028
10 first features: score = 11.602919
11 first features: score = 15.017591
12 first features: score = 14.258221
```

```
13 first features: score = 15.274851
14 first features: score = 15.726690
15 first features: score = 17.187479
```

图 7-6 进一步说明了这一点，显示使用前 5 个特征时得到了最小 MSE 值。

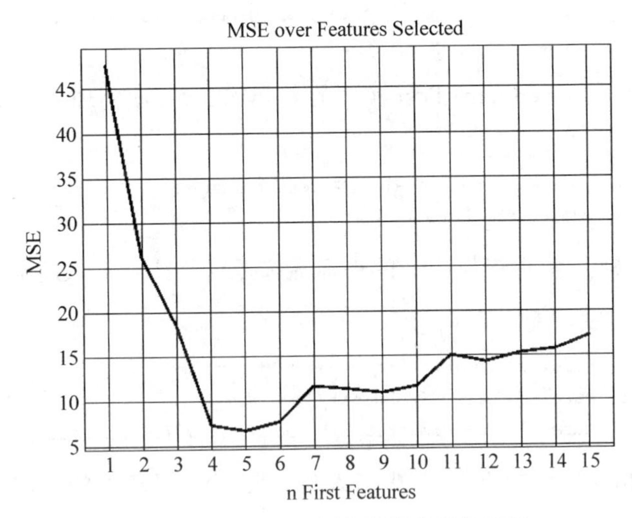

图 7-6　Friedman-1 回归问题的误差值图

7.4.3 节介绍如何通过遗传算法找出前五个特征。

7.4.3　遗传算法求解

为了利用遗传算法确定回归模型的最佳特征集，创建名为 01-solve-friedman.py 的 Python 程序，可在提供的示例代码中查看。

注意：这里使用的染色体是一个值为 0 或 1 的整数列表，整数列表的 0 或 1 表示应该使用还是删除某个特征。从遗传算法的角度来看，该问题类似于之前解决的 OneMax 问题或背包 0-1 问题，不同之处在于适应度函数返回的是回归模型的最小均方误差，这个最小均方误差是在 Friedman1Test 类中计算得到的。

下面描述了求解的主要步骤。

(1) 根据期望的参数创建一个 Friedman1Test 类的实例：

```
Friedman = friedman.Friedman1Test(NUM_OF_FEATURES, NUM_OF_SAMPLES,
RANDOM_SEED)
```

(2) 当前目的是最小化回归模型的均方误差，因此定义一个单一目标，即最小化适应度策略：

```
creator.create("FitnessMin", base.Fitness, weights = (-1.0,))
```

(3) 由于解是一个由 0 或 1 整数值组成的列表，因此使用以下 toolbox 定义创建初始种群：

```
toolbox.register("zeroOrOne", random.randint, 0, 1)
toolbox.register("individualCreator", tools.initRepeat,
creator.Individual, toolbox.zeroOrOne, len(friedman))
toolbox.register("populationCreator", tools.initRepeat, list,
toolbox.individualCreator)
```

（4）遗传算法使用Friedman1Test实例的getMSE()方法实现适应度评估：

```
def friedmanTestScore(individual):
    return friedman.getMSE(individual), # return a tuple
toolbox.register("evaluate", friedmanTestScore)
```

（5）对于遗传算子，使用规模为2的锦标赛选择以及针对于二进制染色体列表的交叉和变异算子：

```
toolbox.register("select", tools.selTournament, tournsize = 2)
toolbox.register("mate", tools.cxTwoPoint)
toolbox.register("mutate", tools.mutFlipBit, indpb = 1.0/len(friedman))
```

（6）仍然采用精英保留的方法，其中名人堂成员（当前最优秀的个体），总是原封不动地传给下一代：

```
population, logbook = elitism.eaSimpleWithElitism(population,
                                                   toolbox,
                                                   cxpb = P_CROSSOVER,
                                                   mutpb = P_MUTATION,
                                                   ngen = MAX_GENERATIONS,
                                                   stats = stats,
                                                   halloffame = hof,
                                                   verbose = True)
```

种群规模为30，算法运行30代，得到以下结果：

```
-- Best Ever Individual = [1, 1, 1, 1, 1, 0, 0, 0, 0, 0, 0, 0, 0, 0, 0]
-- Best Ever Fitness = 6.702668910463287
```

结果表明前5个特征已经被选择出来，测试的最佳均方误差大约为6.7。

注意，遗传算法对正在寻找的特征集没有任何假设，也就是说，它不知道正在寻找的是前 n 个特征所组成的一个子集，遗传算法只是搜索最佳子集。

7.5节将从使用人工生成的数据转到实际的数据集，并利用遗传算法为分类问题选择最佳特征。

7.5 分类数据集Zoo的特征选择

UCI机器学习库维护超过350个数据集，为机器学习提供服务，这些数据集可用于各种模型和算法的验证测试。一个典型的数据集包含许多特征(输入)和期望输出,及其含义的描述。

本节使用了 UCI-Zoo 数据集,该数据集使用表 7-1 所示的 18 个特征描述 101 种不同的动物。

表 7-1　数据集的 18 个特征

序　号	特 征 名 称	数 据 类 型
1	动物名称	每个实例唯一
2	有头发	布尔值
3	有羽毛	布尔值
4	卵生动物	布尔值
5	哺乳动物	布尔值
6	会飞行	布尔值
7	水生的	布尔值
8	肉食动物	布尔值
9	有齿	布尔值
10	脊椎动物	布尔值
11	呼吸的	布尔值
12	有毒	布尔值
13	有鳍	布尔值
14	腿的数量	整数({0,2,4,5,6,8})
15	尾巴	布尔值
16	驯养的	布尔值
17	猫大小的	布尔值
18	物种	整数(范围[1,7])

大多数特征都是布尔值(值为 1 或 0),表示某个属性的存在或不存在,比如毛发、鳍等等,第一个特征是**动物名称**,只是提供名字,并不参与学习过程。

此数据集用于测试分类模型,其中输入特征需要映射到两个或多个类别/标签中。在此数据集中,最后一个特征(称为**物种**)表示动物门类,并用作输出值。在这个数据集中,共有 7 个动物门类。例如,类型值 5 表示动物门类包括青蛙、蝾螈和蟾蜍。综上所述,使用此数据集训练的分类模型利用特征 2～特征 17(毛发、羽毛、鳍等)预测特征 18(物种)的值。我们希望使用遗传算法来选择能够实现最佳预测的特征。让我们从创建一个 Python 类开始,该类表示一个已被这个数据集训练完成的分类模型。

7.5.1　Python 问题表示

为了封装 Zoo 数据集分类模型的特征选择过程,创建了一个名为 Zoo 的 Python 类,此类包含在 zoo.py 文件中,可在提供的示例代码中查看。

该类的主要内容如下所述。

(1) 该类的__init__()方法从网络上下载 Zoo 数据集，并跳过第一个特征(动物名称)：

```
self.data = read_csv(self.DATASET_URL, header = None, usecols = range(1, 18))
```

(2) 将数据拆分为：输入特征(前 16 列)和物种(最后一列)：

```
self.X = self.data.iloc[:, 0:16]
self.y = self.data.iloc[:, 16]
```

(3) 和 7.4 节不同，该类不仅仅将数据分为训练集和验证集，而是使用 k-折交叉验证，k-折交叉是指数据被分成 k 等份，模型被评估 k 次，每次使用($k-1$)部分进行训练，剩余的一个用于测试(或验证)。在 Python 中，利用 scikit-learn 库的 model_selection.KFold()方法很容易做到这一点：

```
self.kfold = model_selection.KFold(n_splits = self.NUM_FOLDS,
random_state = self.randomSeed)
```

(4) 基于决策树创建一个分类模型，这种类型的分类器在训练阶段创建了一个树状结构，将数据集拆分为更小的子集，最终产生一个预测：

```
self.classifier = DecisionTreeClassifier(random_state = self.randomSeed)
```

注意：这里一并传递了一个随机种子，以便分类模型可以在内部使用它。这样，就可以确保得到的结果是可重复的。

(5) 该类的 getMeanAccuracy()方法用于评价分类模型对于一组选定特征的性能。与 Friedman1Test 类中的 getMSE()方法类似，此方法接收与数据集中的特征相对应的二进制值列表——值 1 表示选择相应的特征，值 0 表示删除该特征。最后，该方法删除数据集内对应于未选择特征的列。

```
zeroIndices = [i for i, n in enumerate(zeroOneList) if n == 0]
currentX = self.X.drop(self.X.columns[zeroIndices], axis = 1)
```

(6) 修改过的数据集(只包含选定的特征)用于执行 k-折交叉验证过程，并确定分类模型在数据分类上的性能。类中 k 的值被设为 5，所以每次获得 5 个评估结果：

```
cv_results = model_selection.cross_val_score(self.classifier,
currentX, self.y, cv = self.kfold, scoring = 'accuracy')
return cv_results.mean()
```

这里用来评估分类模型的指标是准确率，即正确分类的比例。例如，0.85 的准确率意味着 85%的动物被正确分类。在本例中，分类模型被训练和评估 k 次，所以使用由评估值计算得到的平均准确率。

(7) 在该类的 main()方法中创建一个 Zoo 类的实例，同时使用 16 个特征评估分类模型,该 16 个特征用全 1 解表示。

```
allOnes = [1] * len(zoo)
print("-- All features selected: ", allOnes, ", accuracy = ",
zoo.getMeanAccuracy(allOnes))
```

当运行类的 main()方法时,输出显示,当利用 16 个特征采用 5-折交叉验证来测试分类模型时,分类的准确率约为 91%:

```
-- All features selected: [1, 1, 1, 1, 1, 1, 1, 1, 1, 1, 1, 1, 1, 1, 1, 1], accuracy =
0.9099999999999999
```

7.5.2 节将使用遗传算法从数据集中选择特征子集来提高分类模型的准确性,而不是使用所有特征。如你所知,我们将使用遗传算法来选择这些特征。

7.5.2 遗传算法求解

为了利用遗传算法确定 Zoo 分类模型所需的最佳特征子集,创建名为 02-solve-zoo.py 的 Python 程序,可在提供的示例代码中查看。

与 7.5.1 节一样,这里使用的染色体也是一个值为 0 或 1 的整数列表,整数列表的 0 或 1 表示应该删除还是使用某个特征。

以下步骤是程序的主要部分。

(1) 创建一个 Zoo 类的实例,同时传递随机种子,这是为了产生可重复的结果:

```
zoo = zoo.Zoo(RANDOM_SEED)
```

(2) 当前目的是使分类器模型的准确率最大化,因此定义了一个单一目标,即最大化适应度策略:

```
creator.create("FitnessMax", base.Fitness, weights = (1.0,))
```

(3) 使用 toolbox 创建定义的个体的初始种群,每个个体都被构造成一个由 0 和 1 组成的整数列表:

```
toolbox.register("zeroOrOne", random.randint, 0, 1)
toolbox.register("individualCreator", tools.initRepeat,
creator.Individual, toolbox.zeroOrOne, len(zoo))
toolbox.register("populationCreator", tools.initRepeat, list,
toolbox.individualCreator)
```

(4) 遗传算法使用 Zoo 实例的 getMeanAccuracy()方法进行适应度评估。因此,必须做两个修改:

① 消除了没有选择任何特征的可能性(全部为零的个体),分类模型在这种情况下会抛出一个异常;

② 为每个被使用的特征添加了一个小的惩罚,以鼓励选择数量较少的特征。惩罚值非

常小(0.001),所以它只在两个同等性能的分类器之间起作用,引导算法偏向于使用较少特征的分类模型:

```
def zooClassificationAccuracy(individual):
    numFeaturesUsed = sum(individual)
    if numFeaturesUsed == 0:
        return 0.0,
    else:
        accuracy = zoo.getMeanAccuracy(individual)
        return accuracy - FEATURE_PENALTY_FACTOR *
numFeaturesUsed, # return a tuple
toolbox.register("evaluate",
zooClassificationAccuracy)
```

(5) 对于遗传算子,再次使用规模为 2 的锦标赛选择以及针对二进制染色体列表的交叉和变异算子:

```
toolbox.register("select", tools.selTournament, tournsize=2)
toolbox.register("mate", tools.cxTwoPoint)
toolbox.register("mutate", tools.mutFlipBit, indpb=1.0/len(zoo))
```

(6) 采用精英保留策略,即名人堂(HOF)成员(当前最优秀的个体)总是原封不动地传给下一代:

```
population, logbook = elitism.eaSimpleWithElitism(population,
toolbox, cxpb=P_CROSSOVER,              mutpb=P_MUTATION,
ngen=MAX_GENERATIONS, stats=stats, halloffame=hof, verbose=True)
```

(7) 在运行结束时,输出名人堂(HOF)的所有成员,这样就可以看到该算法找到的最佳结果。同时输出适应性值(包括对多个特征的惩罚)和实际准确率:

```
print("- Best solutions are:")
for i in range(HALL_OF_FAME_SIZE):
    print(i, ": ", hof.items[i], ", fitness = ",
hof.items[i].fitness.values[0],
          ", accuracy = ", zoo.getMeanAccuracy(hof.items[i]),
", features = ", sum(hof.items[i]))
```

在种群大小为 50,名人堂(HOF)大小为 5 的情况下,算法运行 50 代,得到以下结果:

```
- Best solutions are:
0 : [0, 1, 0, 1, 1, 0, 0, 0, 1, 0, 0, 1, 0, 1, 0, 0] , fitness = 0.964 ,
accuracy = 0.97 , features = 6
1 : [0, 1, 0, 1, 1, 0, 0, 0, 1, 0, 0, 1, 0, 1, 0, 1] , fitness = 0.963 ,
accuracy = 0.97 , features = 7
2 : [0, 1, 0, 1, 1, 0, 0, 0, 1, 0, 1, 1, 0, 1, 0, 0] , fitness = 0.963 ,
accuracy = 0.97 , features = 7
3 : [1, 1, 0, 1, 1, 0, 0, 0, 1, 0, 0, 1, 0, 1, 0, 0] , fitness = 0.963 ,
```

```
accuracy = 0.97 , features = 7
4 : [0, 1, 0, 1, 1, 0, 0, 0, 1, 0, 0, 1, 0, 1, 1, 0] , fitness = 0.963 ,
accuracy = 0.97 , features = 7
```

结果表明,5个最优解都达到了97%的准确率,它们使用16个特征中的6个或7个特征。因为对使用了较多特征的解作出了惩罚,所以得到最佳解是6个特征的集合:feathers(有羽毛)、milk(哺乳动物)、airborne(会飞行)、backbone(脊椎动物)、fins(有鳍)、tail(有尾巴)。

综上所述,通过从数据集的16个特征中选择上面6个特征,不仅降低了问题的维数,而且还能够将模型准确率从91%提高到97%。如果初看这并不是一个很大的改进,那么可以把它看作是将错误率从9%降低到3%——这在分类性能方面是一个非常显著的改进。

小结

本章介绍了机器学习以及有监督机器学习任务的两种主要类型——回归和分类,同时展示了特征选择对执行这些任务的模型的性能提升具有潜在的优势。本章的核心是通过两个例子介绍了如何使用遗传算法进行特征选择来提高模型性能。在第一个例子中,找到了由Friedman-1 Test回归问题生成的有效特征;而在第二个例子中,选择了Zoo分类数据集的最佳特征子集。

第8章将探讨另一种提高有监督机器学习模型性能的方法:超参数优化。

拓展阅读

[1] Johnston B, Mathur I. Applied Supervised Learning with Python[M]. USA: APress, 2019.
[2] Ozdemir S, Susarla D. Feature Engineering Made Easy[M]. USA: Packt, 2018.
[3] Dash M, Liu H. Feature Selection for Classification[J]. Intelligent Data Analysis, 1997, 1(1-4): 131-156.
[4] UCI机器学习库[EB/OL]. https://archive.ics.uci.edu/ml/index.php.

第8章

机器学习模型的超参数优化

本章将以模型超参数优化为例，介绍如何使用遗传算法来改善监督型机器学习模型的性能。首先，介绍机器学习中的超参数优化，然后介绍网格搜索的概念。其次，介绍Wine数据集和自适应增强分类器，并基于它们展示如何使用常规网格搜索和基于遗传算法的网格搜索进行超参数优化。最后，将尝试通过直接使用遗传算法进行超参数优化来改善机器学习的效果。

本章主要涉及以下主题：

- 了解机器学习中超参数优化的概念；
- 熟悉Wine数据集和自适应增强分类器；
- 通过超参数网格搜索提高分类器的性能；
- 通过基于遗传算法的超参数网格搜索，提高分类器的性能；
- 直接使用遗传算法进行超参数优化，提高分类器的性能。

8.1 技术要求

本章将在Python 3中使用以下支持库：deap、numpy、pandas、matplotlib、seaborn、sklearn、sklearn-deap。此外，将使用UCI(University of California，Irvine，加利福尼亚大学尔湾分校)的Wine数据集。

8.2 机器学习中的超参数

第7章将有监督学习描述为调节(或调整)模型内部参数以响应给定输入产生所需输出的程序化过程。为了实现这一点，每种类型的有监督学习模型都附带有学习算法，该算法在学习(或训练)阶段迭代地调整其内部参数。

但是，大多数模型在学习之前会设置另一组参数。这些参数称为**超参数**(**hyperparameters**)，它会影响学习的方式。图8-1是两种类型的参数的说明。

通常，超参数具有默认值，如果没有专门去设置超参数，程序将使用默认值。例如，如果

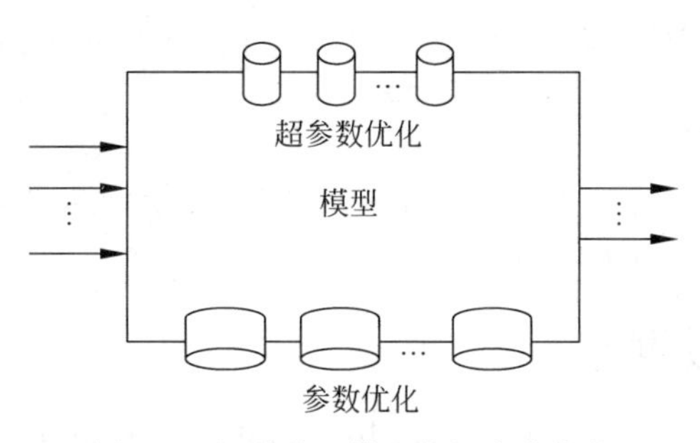

图 8-1 机器学习模型的超参数优化

查看 sklearn 库实现的决策树分类器，就能看到几个超参数及其默认值。表 8-1 描述了其中一些超参数。

表 8-1 超参数

名 称	类 型	描 述	默认值
max_depth	int	树的最大深度	None
splitter	string	用于在每个节点(最佳或随机)上选择拆分的策略	best
min_samples_split	int 或 float	拆分内部节点所需的最小样本数	2

以上每个超参数都会影响学习过程中决策树的构建方式，并且它们对学习的结果(进而对模型的性能)的综合影响可能非常大。

由于超参数的选择会对机器学习模型的性能产生重大影响，因此数据科学家经常花费大量时间寻找最佳的超参数组合，这一过程称为**超参数优化**。下面将介绍进行超参数优化所使用的方法。

8.2.1 超参数优化

网格搜索是搜索最佳超参数组合的常用方法。使用此方法，我们为要优化的每个超参数选择值的子集。例如，对于给定决策树分类器，可以为 max_depth 参数选择值子集{2,5,10}，而对于 splitter 参数，可以选择{"best","random"}这两个可能值。然后尝试这些值的所有 6 种可能的组合。对于每个组合，对分类器进行训练和评估，以达到一定的性能标准(如准确性)。最后选择能达到最佳性能的超参数值组合。

网格搜索的主要缺点是它会对所有可能的组合进行搜索，结果可能非常多，耗费的时间可能会很长。要想在较短的时间内产生良好的组合，常见方法是**随机搜索**，此时超参数组合将被随机地选择和测试。

在执行网格搜索时，一个更好的选择(对我们特别有意义)是利用遗传算法在预定义的网格内寻找超参数的最佳组合。与上述的经典穷举网格搜索相比，此方法提供了在更短的时间内找到最佳网格组合的潜力。

sklearn 库支持网格搜索和随机搜索，同时 sklearn-deap 库提供了遗传算法驱动的网格

搜索功能,该功能以 DEAP 的遗传算法为基础。这个库可以用下面代码进行安装:

```
pip install sklearn - deap
```

接下来,将尝试并比较网格搜索的两种版本(穷举和遗传算法驱动)。在此之前,先简要介绍用于实验的数据集——UCI Wine。

8.2.2 Wine 数据集

Wine 数据集是 UCI 机器学习库中的常用数据集。它包含了对意大利同一地区的 178 种不同葡萄酒的化学分析结果,并将这些葡萄酒分为 3 种类型。

化学分析结果包括 13 种不同的测量值,代表每种葡萄酒中发现的以下成分的含量,如表 8-2 所示。

表 8-2 数据集的 18 个特征

序 号	成 分	
1	酒精	Alcohol
2	苹果酸	Malic acid
3	灰分	Ash
4	灰碱度	Alkalinity of ash
5	镁	Magnesium
6	总酚	Total phenols
7	类黄酮	Flavanoids
8	非黄酮酚	Nonflavanoid phenols
9	原花青素	Proanthocyanins
10	色度	Color intensity
11	色调	Hue
12	经稀释后的吸光度比值	OD280/OD315
13	脯氨酸	Proline

数据集的第 2~14 列包含以上成分的测量值,分类结果(葡萄酒类型)在第一列。

8.2.3 自适应增强分类器

自适应增强算法(**adaptive boosting algorithm**,简称为 **AdaBoost**)是一种功能强大的机器学习模型,该模型加权集成了多个简单学习算法(弱学习器)实例的输出。AdaBoost 在学习过程中添加了弱学习器的实例,对每个实例进行了优化,以改善前面分类错误的输入。

AdaboostClassifier 是 sklearn 库对 AdaBoost 模型的实现(网址:https://scikit learn.org/stable/modules/generation/sklearn.ensemble.AdaBoostClassifier.html),AdaboostClassifier 使用了表 8-3 列出的一些超参数。

表 8-3　AdaboostClassifier 使用的超参数

名　字	类　型	描　述	默认值
n_estimators	int	最大估计数	50
learning_rate	float	可用于缩小每个分类器的贡献	1
algorithm	{'SAMME','SAMME.R'}	'SAMME.R'—使用连续的增强算法,'SAMME'—使用离散的增强算法	2

这 3 个超参数类型不同：int(整数)、float(浮点)和 enum(枚举)。稍后,将介绍每种优化方法是如何处理这些不同类型的参数的。下面将介绍网格搜索的两种形式。

8.3　基于遗传算法的网格搜索来优化超参数

为了使用网格搜索(常规版本和基于遗传算法版本)封装针对 Wine 数据集的 AdaBoost 分类器的超参数,创建了一个名为 HyperparameterTuningGrid 的 Python 类。此类可以在 01-hyperparameter-tuning-grid.py 中找到,该文件可在提供的示例代码中查看。

这个类的主要内容如下所示。

(1) 该类的__init__()方法用于初始化 Wine 数据集、AdaBoost 分类器、*k*-折交叉检验和网格函数：

```
self.initWineDataset()
self.initClassifier()
self.initKfold()
self.initGridParams()
```

(2) initGridParams()方法通过设置上文中提到的 3 个超参数的测试值来初始化网格搜索：

① n_estimators 在 10～100 线性间隔 10 个值进行测试；

② learning_rate 在对数 0.1(10^{-2})和 1(10^{0})之间对数间隔 10 个值进行测试；

③ 测试 algorithm 的两个可能值——'SAMME'和'SAMME.R'。

此设置总共涵盖 200 个(10×10×2)不同的网格组合：

```
self.gridParams = {
    'n_estimators': [10, 20, 30, 40, 50, 60, 70, 80, 90, 100],
    'learning_rate': np.logspace(-2, 0, num=10, base=10),
    'algorithm': ['SAMME', 'SAMME.R'],
    }
```

(3) getDefaultAccuracy()方法使用'accuracy'指标的平均值来评估分类器的默认超参数值的准确性：

```
cv_results = model_selection.cross_val_score(self.classifier,
                                             self.X,
                                             self.y,
```

```
                                    cv = self.kfold,
scoring = 'accuracy')
return cv_results.mean()
```

(4) gridTest()方法对之前定义的一组测试过的超参数值进行了常规的网格搜索。根据参数的 k-折交叉验证平均'accuracy'指标就可以确定最佳参数组合：

```
gridSearch = GridSearchCV(estimator = self.classifier,
                          param_grid = self.gridParams,
                          cv = self.kfold,
                          scoring = 'accuracy')
gridSearch.fit(self.X, self.y)
```

(5) GeneticGridTest()方法执行基于遗传算法的网格搜索。它利用了 sklearn-deap 库的 EvolutionaryAlgorithmSearchCV()方法，该方法与常规网格搜索方法调用方式非常相似。需要做的就是添加以下遗传算法参数——种群大小、变异概率、锦标赛规模和迭代次数：

```
gridSearch = EvolutionaryAlgorithmSearchCV (estimator =
                                            self.classifier,
                                            params = self.gridParams,
                                            cv = self.kfold,
                                            scoring = 'accuracy',
                                            verbose = True,
                                            population_size = 20,
                                            gene_mutation_prob = 0.30,
                                            tournament_size = 2,
                                            generations_number = 5)
gridSearch.fit(self.X, self.y)
```

(6) 该类的 main()方法先使用默认超参数值评估分类器的性能；然后运行常规的穷举式网格搜索，再运行基于遗传算法的网格搜索，同时对每个搜索进行计时。

下面将介绍这类主要方法的运行结果。

8.3.1 测试分类器的默认性能

运行结果表明，在默认参数值 n_estimators＝50，learning_rate＝1.0 和 algorithm ＝ 'SAMME.R'的情况下，分类器的分类精度约为 65％：

```
Default Classifier Hyperparameter values:
{'algorithm': 'SAMME.R', 'base_estimator': None, 'learning_rate': 1.0,
'n_estimators': 50, 'random_state': 42}
score with default values  =  0.6457142857142857
```

这个精度并不高，因此希望网格搜索可以通过找到更好的超参数值组合来提升精度。

8.3.2 运行常规的网格搜索

接下来运行涵盖所有 200 种可能组合的常规穷举网格搜索。搜索结果表明最佳组合是 n_estimators=70,learning_rate ≈ 0.359,algorithm='SAMME.R'。

使用这些值获得的分类精度约为 93%,与原始的 65%相比有了很大的提升。搜索运行时间约为 32s:

```
performing grid search...
best parameters: {'algorithm': 'SAMME.R', 'learning_rate':
0.3593813663804626, 'n_estimators': 70}
best score: 0.9325842696629213
Time Elapsed = 32.180874824523926
```

8.3.3 运行基于遗传算法的网格搜索

程序的最后一部分描述了基于遗传算法的网格搜索,它是在相同的网格参数下执行的,运行网格搜索后的输出结果为:

```
performing Genetic grid search...
Types [1, 2, 1] and maxint [9, 9, 1] detected
```

这个输出指的是正在搜索的网格——包含 10 个整数(n_estimators 值)的列表和 10 个元素(learning_rate 值)的 ndarray 类,还包括两个字符串(algorithm 值)的列表,其中'Types [1, 2,1]'是指[list,ndarray,list]的网格类型;'maxint [9,9,1]'对应[10,10,2]的列表/数组大小。

下一输出行是指可能的网格组合的总数(10×10×2):

```
--- Evolve in 200 possible combinations ---
```

其余的输出看起来非常眼熟,因为它使用了前述的基于 DEAP 的遗传算法工具,这些输出详细介绍了逐代的进化过程:

```
gen nevals avg min max std
0 20 0.642135 0.117978 0.904494 0.304928
1 14 0.807865 0.123596 0.91573 0.20498
2 15 0.829775 0.123596 0.921348 0.172647
3 12 0.885393 0.679775 0.921348 0.0506055
4 13 0.903652 0.865169 0.926966 0.0176117
5 11 0.905618 0.797753 0.932584 0.027728
```

在进程结束时,输出最佳组合及其得分和所用时间:

```
Best individual is: {'n_estimators': 70, 'learning_rate':
0.3593813663804626, 'algorithm': 'SAMME.R'}
with fitness: 0.9325842696629213
```

```
Time Elapsed = 10.997037649154663
```

这些结果表明，基于遗传算法的网格搜索能够找到与穷举搜索相同的最佳结果，但所需的时间更短(大约11s)。

注意：以上例子很简单，所以运行速度非常快。但在现实生活中，经常会遇到大型的数据集、复杂的模型和大规模的超参数网格。在这些情况下，进行穷举网格搜索可能会非常耗时，而基于遗传算法的网格搜索有可能在合理的时间范围内得到良好的结果。

但是，无论是否基于遗传算法，所有网格搜索都限于网格定义的超参数值的子集。如果想在网格外搜索而不局限于预设值的子集该怎么办？下一节将介绍一个可行的解决方案。

8.4 直接使用遗传算法优化超参数

除了提供有效的网格搜索选项外，遗传算法还可以直接用于搜索整个参数空间。每个超参数可以表示为一个参与搜索的变量，而染色体就可以是这些变量的所有组合。

由于超参数可以是不同的类型，例如，AdaBoost 分类器中的 float(浮点型)、int(整型)和 enum(枚举类型)，因此需要对它们进行不同的编码，然后将遗传算子定义为适应于每种类型的独立算子的组合。然而，也可以使用简便的方法，将它们都编码为 float 型参数，以简化算法的实现。接下来，将进行上述的操作。

8.4.1 超参数表示

第6章中使用了遗传算法来优化实数参数的函数。这些参数被表示为浮点型数值列表：

```
[1.23, 7.2134, -25.309]
```

然后，使用了专门用于处理浮点型数值列表的遗传算子。

为了使超参数优化适应这种方法，把每个超参数表示为浮点数，而不管其实际类型是什么。为了做到这一点，需要找到一种方法来将每个参数转换为浮点数，然后再从浮点数转换回其原始类型。将用以下方法来实现这些转换：

(1) n_estimators 原本为整型，将由一定范围内的浮点型值表示，例如[1,100]。要将浮点型数值转换回整型数值，可使用 Python 的 round()函数将其舍入到最接近的整数。

(2) learning_rate 为浮点数类型，因此不需要转换。它将被限制在[0.01,1.0]的范围内。

(3) algorithm 可以是'SAMME'或'SAMME.R'这两个值之一，并由[0,1]范围内的浮点数表示。要将其转换为浮点型值，我们将其舍入为最接近的整数 0 或 1。然后，将

'SAMME'替换为 0,将'SAMME.R'替换为 1。

这些转换将通过两个 Python 文件实现,这两个文件将在后续进行介绍。

8.4.2 评估分类器的准确性

首先从封装评估分类器的准确性的 Python 类开始介绍,这个类被称为 HyperparameterTuningGenetic。读者可以在 hyperparameter_tuning_genetic_ test.py 文件中找到它,文件可在提供的示例代码中查看。

这个类的最主要功能如下所述。

(1) 该类的 convertParam()方法获取一个名为 params 的列表,其中包含表示超参数的浮点型数值,并将其转换为实际类型的值:

```
n_estimators = round(params[0])
learning_rate = params[1]
algorithm = ['SAMME', 'SAMME.R'][round(params[2])]
```

(2) getAccuracy()方法获取表示超参数的浮点型数值列表,使用 convertParam()方法将其转换为实际类型的值,并使用以下这些值初始化 ADABoost 分类器:

```
n_estimators, learning_rate, algorithm =
self.convertParams(params)
self.classifier = AdaBoostClassifier(n_estimators = n_estimators,
                                     learning_rate = learning_rate,
                                     algorithm = algorithm)
```

(3) 通过使用前述为 Wine 数据集创建的 k-折交叉验证计算分类器的准确率:

```
cv_results = model_selection.cross_val_score(self.classifier,
                                             self.X,
                                             self.y,
                                             cv = self.kfold,
                                             scoring = 'accuracy')
return cv_results.mean()
```

8.4.3 节将描述用遗传算法优化超参数的程序来调用这个类。

8.4.3 使用遗传算法优化超参数

基于遗传算法的最佳超参数搜索是通过 02-hyperparameter-tuning-genetic.py 这个 Python 程序实现的,可在提供的示例代码中查看。

以下步骤描述了该程序的主要部分。

(1) 为代表超参数的每个浮点型数值设置上下边界,n_estimators 为[1,100],learning_rate 为[0.01,1],algorithm 为[0,1]:

```
# [n_estimators, learning_rate, algorithm]:
```

```
BOUNDS_LOW = [ 1, 0.01, 0]
BOUNDS_HIGH = [100, 1.00, 1]
```

(2) 创建 HyperparameterTuningGenetic 类的实例，该类将允许测试超参数的各种组合：

```
test =
hyperparameter_tuning_genetic.HyperparameterTuningGenetic(RANDO
M_SEED)
```

(3) 当前目标是最大化分类器的准确率，因此定义了一个目标，即最大化适用性策略：

```
creator.create("FitnessMax", base.Fitness, weights = (1.0,))
```

(4) 优化结果由一个浮点数值组成的列表表示，每个浮点数值都在不同的范围内，因此使用下面的循环对所有上下限值组合进行遍历。对于每个超参数，创建一个单独的 toolbox 算子，该算子将用于生成适当范围内的随机浮点数值：

```
for i in range(NUM_OF_PARAMS):
#"hyperparameter_0", "hyperparameter_1", ...
toolbox.register("hyperparameter_" + str(i),
                        random.uniform,
                        BOUNDS_LOW[i],
                        BOUNDS_HIGH[i])
```

(5) 创建 hyperparameter 元组，其中包含刚刚为每个超参数创建的单独的浮点数生成器：

```
hyperparameters = ()
for i in range(NUM_OF_PARAMS):
    hyperparameters = hyperparameters + \
(toolbox.__getattribute__("hyperparameter_" + str(i)),)
```

(6) 将这个 hyperparameter 元组与 DEAP 的内置 initCycle()算子结合起来使用，创建一个新的 personalCreator 算子，该算子将随机生成的超参数值组合起来用于单个实例：

```
toolbox.register ("individualCreator",
                  tools.initCycle,
                  creator.Individual,
                  hyperparameters,
                  n = 1)
```

(7) 遗传算法使用 HyperparameterTuningGenetic 实例的 getAccuracy()方法进行适应度评估。需要注意的是，在 8.4.2 节中描述的 getAccuracy()方法将给定的个体(3 个浮点数的列表)转换回它们所表示分类器的超参数值，并使用这些值训练分类器，然后用 k-折交叉验证来评估其准确性：

```
def classificationAccuracy(individual):
    return test.getAccuracy(individual),
toolbox.register("evaluate", classificationAccuracy)
```

(8) 遗传算子定义。对于选择算子，使用规模为2的常规锦标赛选择。选择专门针对有界浮点型数值列表染色体的交叉算子和变异算子，并向它们提供为每个超参数定义的上下界：

```
toolbox.register("select", tools.selTournament, tournsize = 2)
toolbox.register("mate",
                 tools.cxSimulatedBinaryBounded,
                 low = BOUNDS_LOW,
                 up = BOUNDS_HIGH,
                 eta = CROWDING_FACTOR)
toolbox.register("mate",
                 tools.mutPolynomialBounded,
                 low = BOUNDS_LOW,
                 up = BOUNDS_HIGH,
                 eta = CROWDING_FACTOR,
                 indpb = 1.0 /NUM_OF_PARAMS)
```

(9) 继续使用精英保留策略。在这种方法中，名人堂(HOF)成员(当前的最优秀的个体)始终原封不动地进入下一代：

```
population, logbook = elitism.eaSimpleWithElitism(population,
                                                  toolbox,
                                                  cxpb = P_CROSSOVER,
                                                  mutpb = P_MUTATION,
                                                  ngen = MAX_GENERATIONS, stats = stats,
                                                  halloffame = hof,
                                                  verbose = True)
```

通过将种群数量为20的算法运行5代，得到以下结果：

```
gen nevals max avg
0 20 0.92127 0.841024
1 14 0.943651 0.900603
2 13 0.943651 0.912841
3 14 0.943651 0.922476
4 15 0.949206 0.929754
5 13 0.949206 0.938563
 - Best solution is:
params = 'n_estimators' = 69, 'learning_rate' = 0.628, 'algorithm' = SAMME.R
Accuracy = 0.94921
```

这些结果表明找到的最佳组合是n_estimators=69，learning_rate=0.628，algorithm='SAMME.R'。用这些值获得的分类准确率约为94.9%——相比用网格搜索获得的准确率有了很大的提高。程序找到的 n_estimators 和 learning_rate 的最佳值都在搜索的网格值之外。

小结

本章介绍了机器学习中超参数优化的概念。熟悉了本章中用于测试的 Wine 数据集和自适应增强分类器之后，介绍穷举网格搜索超参数优化方法及遗传算法驱动的网格搜索超参数优化方法，并使用测试方案比较了这两种方法。最后还尝试直接使用遗传算法，将所有超参数都表示为浮点型值，这种方法改进了网格搜索的结果。

第 9 章将研究两种机器学习模型：神经网络和深度学习，并应用遗传算法来提高其性能。

拓展阅读

[1] Fontaine A. Mastering Predictive Analytics with scikit-learn and TensorFlow[M]. USA：Packt，2018.

[2] sklearn-deap at GitHu[EB/OL]. https://github. com/rsteca/sklearn-deap.

[3] Comparing EvolutionaryAlgorithmSearchCV against GridSearchCV and RandomizedSearchC[EB/OL]. https://github. com/rsteca/sklearn-dea p/blob/master/test. ipynb.

[4] klearn ADABoost Classifier[EB/OL]. https://scikit-learn. org/stable/modules/generated/sklearn. ensemble. AdaBoostClassifier. html.

[5] UCI Machine Learning Repository[EB/OL]. https://archive. ics. uci. edu/ml/index. php.

第 9 章

深度学习网络的结构优化

本章介绍遗传算法是如何通过优化模型的网络结构，来提高人工神经网络模型性能的。首先，简单介绍神经网络和深度学习；然后，介绍鸢尾花(Iris)数据集和多层感知器分类器，并使用基于遗传算法的解决方案演示网络架构的优化。最后，将网络架构优化和模型超参数优化相结合，并通过基于遗传算法的解决方案共同实现。

本章主要涉及以下主题：

- 人工神经网络和深度学习的基本概念；
- 鸢尾花数据集和**多层感知(Multilayer Perceptron**，MLP)分类器；
- 使用网络架构优化提高深度学习分类器的性能；
- 通过将网络架构优化与超参数优化相结合，进一步提高深度学习分类器的性能。

本章将从介绍人工神经网络开始，如果您是经验丰富的数据科学家，可略过相关内容。

9.1 技术要求

本章在 Python 3 中使用以下支持库：Deap、Numpy、sklearn。此外，将使用 UCI 的鸢尾花数据集。

9.2 人工神经网络与深度学习

神经网络是机器学习中最常用的模型之一，其灵感来于自人脑结构。神经网络的基本组件是节点，或称为神经元，它起源于生物学上的神经元细胞。如图 9-1 所示，左侧围绕在细胞体周围的是神经元细胞的树突，它作为输入端用于接收来自其他相似细胞的信号；而从细胞体延伸出来的是神经元细胞的长轴突，作为输出端连接到其他多个细胞并输出信号。

启发于生物神经元结构，可设计一种被称为**感知器(perceptron)**的人工模型，如图 9-2 所示。

感知器将每个输入值乘以特定权重，累加后再向总和中添加偏离值作为计算结果，同时，使用一个非线性激活函数将结果映射到输出。此功能模拟了生物神经元的运行机制，输

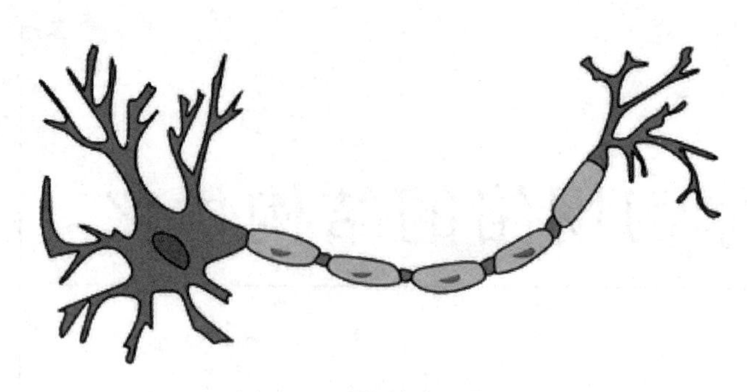

图 9-1 生物神经元模型

（资料来源：https://pixabay.com/vectors/neuron-nerve-cell-axon-dendrite-296581/）

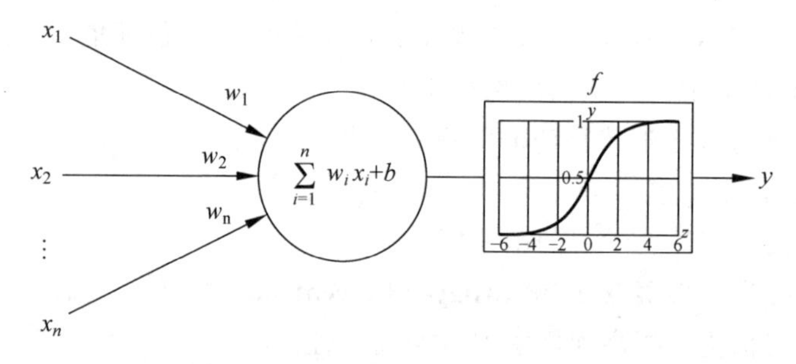

图 9-2 人工神经元模型——感知器

入的加权总和高于某个阈值时，该神经元就会被触发（从输出端发出一系列脉冲）。

如果调整其权重和偏离值，将某些输入映射到所需的输出水平，那么感知器模型就可用于简单的分类和回归问题。更进一步，在**多层感知器**结构中连接多个感知器单元时，可以构建一个功能更强的模型。

9.2.1 多层感知器

多层感知器（MLP）通过增加多个节点扩展了感知器的概念，其中每个节点都可以实现感知器的功能。MLP 中的节点按层排列，每层都连接到下一层。MLP 的基本结构如图 9-3 所示。

多层感知器主要由 3 部分组成。

（1）**输入层（Input Layer）**接收输入值，并将每个节点连接至下一层的所有神经元。

（2）**输出层（Output Layer）**是由 MLP 计算得到的结果。当 MLP 被用作分类器时，每个输出都代表其中一个类别。当 MLP 被用于回归时，将有且仅一个输出节点，生成一个连续值。

（3）**隐藏层（Hidden Layer）**突显此模型的真正功能和复杂性。虽然上图仅显示两个隐藏层，但在输入层和输出层之间可以放置多个任意大小的隐藏层。随着隐藏层数增多，网络结构变得越来越复杂，并且能够处理输入和输出之间的非线性复杂映射。

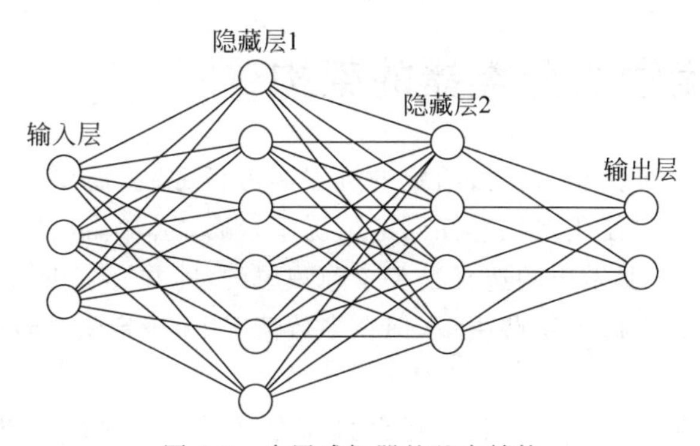

图 9-3 多层感知器的基本结构

训练此模型涉及调整每个节点的权重和偏置值。通常使用**反向传播**(**backpropagation**)算法完成此操作。反向传播的基本原理是通过将输出误差从输出层向内传播,经过模型各层,以使实际输出与所需输出之间的误差最小。调整各个节点的权重,以便最大程度地调整对误差贡献最大的权重值。

多年来,反向传播算法的计算局限性将 MLP 的隐藏层限制在于不超过两个或三个,目前技术的最新进展才在很大程度上突破了这一限制。

9.2.2 深度学习和卷积神经网络

近年来,反向传播算法取得了飞跃,使得在单个网络中可以使用大量的隐藏层。在这样的深度神经网络中,每层都可以诠释前一层节点学习到的抽象概念的组合,并生成更高级别的概念。例如,在实现人脸识别任务时,第一层将处理图像的像素并学习检测不同方向的边缘位置。下一层可以将这些要素组合成线条、角度等,直到检测出了鼻子、嘴唇等面部特征。最后,会有一层把这些特征组合成完整的面部。

随着研究的发展进步,引入了卷积神经网络(**Convolutional Neural Network,CNN**)的概念。通过将附近的输入与相距较远的输入进行不同的处理,可以减少处理二维信息(例如图像)的深度神经网络的节点数。因此,这些模型可以成功运用于处理图像和视频之类的任务。除了类似多层感知器中的隐藏层这样的**全连接层**(**fully connected layer**)外,神经网络还使用了**池化**(**pooling**)层和**卷积层**(**convolutional layer**),其中池化层也称为**下采样层**(**down sampling layer**)汇聚了前几层神经元的输出,卷积层可用作检测特定特征(例如特定方向的边缘)的滤波器。

训练深度学习模型需要大量计算,并且通常借助**图形处理单元**(**Graphics Processing Unit,GPU**)来完成。基于计算平台的 GPU 在实现反向传播算法方面比普通 CPU 效率更高,能够满足专业的深度学习库(如 TensorFlow)的使用。虽然在本章中,为了简单起见,将使用 sklearn 库中的 MLP 和简单数据集来实现训练深度学习模型,但其使用的原则仍然适用于更复杂的网络和数据集。

下面将讨论如何使用遗传算法来优化 MLP 架构。

9.3 优化深度学习分类器的架构

当创建一个神经网络模型来执行给定的机器学习任务时，需要做出的一个关键设计决策是网络架构的配置。在使用多层感知器的情况下，输入层和输出层中的节点数由待处理问题的特征决定。因此，要做出的选择是关于隐藏层的，即共有多少层，每层中有多少节点。一些经验性的法则有助于做出这些决策，但在多数情况下，确定最佳选择的过程会是一个烦琐的试错过程。

处理网络架构参数的一个方法就是将它们视为模型的超参数，这些参数需要在模型训练完成之前确定，并影响训练的结果。本节将应用这种方法并结合遗传算法来找到隐藏层的最佳组合，其方式与第8章中选择最佳超参数值的方式类似。下面首先介绍待处理的任务——鸢尾花分类。

9.3.1 鸢尾花数据集

鸢尾花数据集(https://archive.ics.uci.edu/ml/datasets/Iris)可能是被研究得最透彻的数据集之一，是生物学家在1936年获取的包含3种鸢尾花物种(山鸢尾、维吉尼亚鸢尾、变色鸢尾)的测量结果。

数据集包含来自3个物种的50个样本，并包含以下4个特征：**花萼长度**(厘米)、**花萼宽度**(厘米)、**花瓣长度**(厘米)、**花瓣宽度**(厘米)。

此数据集可通过sklearn库直接获取，其初始化如下：

```
from sklearn import datasets
data = datasets.load_iris()
X = data['data']
y = data['target']
```

实验中，将使用此数据集结合MLP分类器，并利用遗传算法来查找网络架构(隐藏层数和每层中的节点数)，从而得到最佳的分类精度。

由于我们使用的是遗传算法，因此首先需要找到一种方法使用染色体来表示这种架构。

9.3.2 表示隐藏层的配置

由于MLP的架构由隐藏层配置决定，因此将探讨如何在解中表示此配置。sklearn多层感知器模型(https://scikit-learn.org/stable/modules/neural_networks_supervised.html)的隐藏层配置是通过hidden_layer_sizes元组表达的，该元组作为参数发送给模型的构造函数。默认情况下，此元组的值为(100,)，这意味着一个包含100个节点的隐藏层。例如，若想为MLP配置3个隐藏层，每层有20个节点，则此参数的值为(20,20,20)。在实现基于遗传算法的隐藏层配置优化之前，需要定义一条可以转换为此模式的染色体。

为此，需要找到一条可以同时表示层数和每层节点数的染色体。其中一种选择是将可变长度的染色体直接转换为可变长度的元组,并用作模型的 hidden_layer_sizes 参数。但是,这种方法需要自定义算子,这可能会非常烦琐。为了能使用标准遗传算子,这里将使用固定长度表示法。使用此方法时,会预先确定最大层数,并且总是表示所有层,但这些不一定在解中表示出来。例如,如果决定将网络限制为 4 个隐藏层,染色体将如下所示:

$\{n_1, n_2, n_3, n_4\}$

其中,n_i 表示层 i 中的节点数。

然而,为了控制网络中隐藏层的实际数量,其中一些值可能是零或负数。当遇到零或负数时就意味着不能再向网络中添加层级。以下示例阐述了此方法。

(1) 染色体[10,20,−5,15]被转换成元组(10,20),因为−5 终止了层级计数。

(2) 染色体[10,0,−5,15]被转换成元组(10,),因为 0 终止了层级计数。

(3) 染色体[10,20,5,−15]被转换成元组(10,20,5),因为−15 终止了层级计数。

(4) 染色体[10,20,5,15]被转换成元组(10,20,5,15)。

为了保证至少有一个隐藏层,则要确保第一个参数始终大于零。其他层参数可以在零附近变化分布,以便可以控制其成为终止参数的概率。

另外,采用第 8 章中对各种类型的变量一样的操作,即使该染色体由整数组成,所以也选择使用浮点数。通过使用浮点型数值列表,可以方便使用现有的遗传算子,同时能够轻松地扩展染色体来囊括其他不同类型的参数。使用 round()函数来将浮点数转换回整数。该方法的一些示例如下:

(1) 染色体[9.35,10.71,−2.51,17.99]被转换成元组(9,11)。

(2) 染色体[9.35,10.71,2.51,−17.99]被转换成元组(9,11,3)。

要评估给定的架构表示的染色体,需要将其转换回关于层数的元组,创建处理这些层的 MLP 分类器,对其进行训练、评估。

9.3.3 评估分类器的准确性

首先从封装了关于鸢尾花数据集的 MLP 分类器的准确性评估的 Python 类开始。这个类被称为 MlpLayersTest,可以在 mlp_layers_test.py 文件中找到,该文件可在提供的示例代码中查看。

该类的主要方法如下所述。

(1) convertParam()方法带有参数名为 params 的列表。这个列表实际上是在 9.3.2 节中描述的染色体,包含表示最多 4 个隐藏层的浮点型数值。该方法将此浮点型数值列表转换为 hidden_layer_sizes 元组:

```
if round(params[1]) <= 0:
    hiddenLayerSizes = round(params[0]),
elif round(params[2]) <= 0:
    hiddenLayerSizes = (round(params[0]), round(params[1]))
elif round(params[3]) <= 0:
    hiddenLayerSizes = (round(params[0]), round(params[1]),
```

```
round(params[2]))
else:
    hiddenLayerSizes = (round(params[0]), round(params[1]),
round(params[2]), round(params[3]))
```

（2）getAccuracy()方法带有参数 params 列表，表示隐藏层的配置，使用 convertParam()方法将其转换为 hidden_layer_sizes 元组，并用它来初始化 MLP 分类器：

```
hiddenLayerSizes = self.convertParams(params)
self.classifier =
MLPClassifier(hidden_layer_sizes = hiddenLayerSizes)
```

然后，采用针对 Wine 数据集创建的 k-折交叉验证算子计算分类器的准确度：

```
cv_results = model_selection.cross_val_score(self.classifier,
                                             self.X,
                                             self.y,
                                             cv = self.kfold,
scoring = 'accuracy')
return cv_results.mean()
```

基于遗传算法的优化器使用了 MlpLayersTest 类，9.3.4 节将对此进行解释。

9.3.4 使用遗传算法优化 MLP 架构

目前，9.3.3 节已经提供了一种用于对鸢尾花数据集进行分类的 MLP 架构配置的方法以及一种确定每种配置的 MLP 准确性的方法，下面继续创建基于遗传算法的优化器搜索架构配置，即隐藏层的数量（在此案例中最多有 4 个隐藏层）和每层中的节点数，从而产生最佳精度。由 Python 程序 01-optimize-mlp-layers.py 实现该运行结果，该程序可在提供的示例代码中查看。

以下为该程序的主要步骤描述。

（1）为每个表示隐藏层的浮点数设置上下限。第一个隐藏层的范围为 [5,15]，而其余层的初始值为越来越大的负值，这增加了它们终止层计数的概率：

```
# layer_layer_1_size, hidden_layer_2_size,
hidden_layer_3_size, hidden_layer_4_size]
BOUNDS_LOW = 5, -5, -10, -20]
BOUNDS_HIGH = [15, 10, 10, 10]
```

（2）创建 MlpLayersTest 类的实例，来测试不同隐藏层架构的组合：

```
test = mlp_layers_test.MlpLayersTest(RANDOM_SEED)
```

（3）当前目的是最大限度地提高分类器的准确性，因此定义了一个简单的目标，最大化适应度策略：

```
creator.create("FitnessMax", base.Fitness, weights = (1.0,))
```

(4) 由于解由不同范围的浮点型数值列表表示，使用以下循环来遍历所有上下限值组合。对于每个范围，创建一个单独的 toolbox 算子(layer_size_attribute)，用于在适当的范围内生成随机浮点值：

```
for i in range(NUM_OF_PARAMS):
    # "layer_size_attribute_0", "layer_size_attribute_1", ...
    toolbox.register("layer_size_attribute_" + str(i),
    random.uniform,
    BOUNDS_LOW[i],
    BOUNDS_HIGH[i])
```

(5) 创建 layer_size_attributes 元组，其中包含刚刚为每个隐藏层创建的单独的浮点型数值生成器：

```
layer_size_attributes = ()
for i in range(NUM_OF_PARAMS):
    layer_size_attributes = layer_size_attributes + \
    (toolbox.__getattribute__("layer_size_attribute_" + str(i)),)
```

(6) 将 layer_size_attributes 元组与 DEAP 内置的 initCycle()算子结合使用，创建一个新的 individualCreator 算子，该算子使用随机生成隐藏层大小值的组合来填充单个实例：

```
toolbox.register("individualCreator",
                 tools.initCycle,
                 creator.Individual,
                 layer_size_attributes,
                 n = 1)
```

(7) 遗传算法使用 MlpLayersTest 实例的 getAccury()方法进行适应性评估。需要注意的是，getAccuracy()方法会将给定的个体(包含 4 个浮点型数值的列表)转换成一个代表隐藏层大小的元组，将它们都用于配置 MLP 分类器。然后，训练分类器，并使用 k-折交叉验证评估其准确性：

```
def classificationAccuracy(individual):
    return test.getAccuracy(individual),

toolbox.register("evaluate", classificationAccuracy)
```

(8) 关于遗传算子，重复第 8 章的配置。而对于选择算子，使用规模为 2 的常规锦标赛选择，选择针对有界浮点型数值列表染色体的交叉和变异算子，并为它们提供每个隐藏层定义的边界：

```
toolbox.register("select", tools.selTournament, tournsize = 2)
toolbox.register("mate",
                     tools.cxSimulatedBinaryBounded,
                     low = BOUNDS_LOW,
```

```
                    up = BOUNDS_HIGH,
                    eta = CROWDING_FACTOR)
toolbox.register("mutate",
                    tools.mutPolynomialBounded,
                    low = BOUNDS_LOW,
                    up = BOUNDS_HIGH,
                    eta = CROWDING_FACTOR,
                    indpb = 1.0 /NUM_OF_PARAMS)
```

(9) 继续使用精英保留策略,在该方法中,名人堂(HOF)成员(当前最优秀的个体)始终原封不动地传给下一代:

```
population, logbook = elitism.eaSimpleWithElitism(population,
                                        toolbox,
                                        cxpb = P_CROSSOVER,
                                        mutpb = P_MUTATION,
                                        ngen = MAX_GENERATIONS,
                                        stats = stats,
                                        halloffame = hof,
                                        verbose = True)
```

通过将种群数量为 20 的算法运行 10 代,得到以下结果:

```
gen nevals max avg
0 20 0.666667 0.416333
1 17 0.693333 0.487
2 15 0.76 0.537333
3 14 0.76 0.550667
4 17 0.76 0.568333
5 17 0.76 0.653667
6 14 0.76 0.589333
7 15 0.76 0.618
8 16 0.866667 0.616667
9 16 0.866667 0.666333
10 16 0.866667 0.722667
- Best solution is: 'hidden_layer_sizes' = (15, 5, 8) , accuracy =
0.8666666666666666
```

上述结果表明,在所定义的范围内,找到的最佳组合是大小分别为 15、5 和 8 的 3 个隐藏层。通过这些值得到的分类精度约为 86.7%。这个精度似乎比较合理,但还可以进一步改进它。

9.4 将架构优化与超参数优化相结合

在优化网络架构配置(隐藏层参数)时,一直在使用 MLP 分类器的默认参数。但是,如前所述,因为优化各种超参数可以提高分类器的性能,所以可以将超参数优化也纳入到优化过程中。那么,在我们的优化进程中是否可引入超参数优化?如您所知,答案是肯定的。但首先,应讨论有哪些超参数可供优化。

MLP 分类器的 sklearn 库中包含多个可调超参数。在案例演示中,将重点介绍如表 9-1 所示的超参数。

表 9-1 可调超参数

名 称	类 型	描 述	默认值
activation	{'tanh','relu','logistic'}	隐藏层的激活函数	'relu'
solver	{'sgd','adam','lbfgs'}	优化权重的优化器	'adam'
alpha	float	正则化参数	0.0001
learning_rate	{'constant','invscaling','adaptive'}	用于权重更新的学习率方法	'constant'

用浮点数来表示染色体能将各种类型的超参数组合到基于遗传算法的优化过程中。由于使用了基于浮点数的染色体来表示隐藏层的配置,现在可以通过相应地增加染色体来将其他超参数纳入优化过程。

9.4.1 解的表示

关于现有的 4 个浮点型数值的网络架构配置形式[n_1,n_2,n_3,n_4],可以添加以下 4 个超参数:

(1) activation 可以设置为 tanh、relu 或 logistic。可以通过将它表示为[0,2.99]范围内的浮点数来实现。要将浮点型数值转换为上述值之一,首先可以使用 floor()函数来得到 0、1 或 2。然后,用 tanh 替换值 0,用 relu 替换值 1,用 logistic 替换值 2。

(2) 与 activation 的参数一样,solver 也可以设置为 sgd、adam 或 lbfgs,并可以用 [0,2.99] 范围内的浮点数表示它们。

(3) alpha 已经是浮点型,因此不需要转换。它将限定在 [0.0001,2.0] 的范围内。

(4) learning_rate 可以设置为 constant、invscal 或 adaptive。同样可以用 [0,2.99] 范围内的浮点数来表示其值。

9.4.2 评估分类器的准确性

MlpHyperparametersTest 这个类是用于评估 MLP 分类器对隐藏层和超参数优化组合的精度的,它包含在文件 mlp_hyperparameters_test.py 中,可在提供的示例代码中查看。该类基于用于优化隐藏层配置的 MlpLayersTest 类进行了一些修改。

(1) convertParam()方法用于处理一个 params 列表,其中前 4 个条目(params [0]~params [3])和前面一样,代表隐藏层的大小;而后 4 个条目(params [4]~params [7])代表我们添加到评估中的 4 个超参数。因此,该方法被以下代码行增强,将给定参数的其余部分(params [4]~params [7])转换为相应的值,然后将其输入 MLP 分类器:

```
activation = ['tanh', 'relu', 'logistic'][floor(params[4])]
```

```
solver = ['sgd', 'adam', 'lbfgs'][floor(params[5])]
alpha = params[6]
learning_rate = ['constant', 'invscaling',
'adaptive'][floor(params[7])]
```

(2) getAccurs()方法用于处理扩展的 params 列表。这些参数的转换值不仅被用来设置隐藏层的配置，还对 MLP 分类器进行配置：

```
hiddenLayerSizes, activation, solver, alpha, learning_rate = self.convertParams(params)
self.classifier = MLPClassifier(random_state = self.randomSeed, hidden_layer_sizes =
hiddenLayerSizes,
activation = activation,
solver = solver,
alpha = alpha,
learning_rate = learning_rate)
```

MlpHyperparametersTest 类还可以在基于遗传算法的优化器中使用，这将在 9.4.3 节中进行介绍。

9.4.3 使用遗传算法优化 MLP 的组合配置

基于遗传算法的隐藏层和超参数的最佳组合搜索是由名为 02-optimize-mlphyperparameters.py 的 Python 程序实现，该程序可在提供的示例代码中查看。

由于所有参数都统一使用了浮点型数值来表示，因此，此程序几乎与 9.4.2 节中用于优化网络架构的程序相同。主要区别在于 BOUNDS_LOW 列表和 BOUNDS_HIGH 列表的定义，它包含了参数的范围。之前定义了 4 个范围(每个隐藏层对应一个范围)，下面将增加 4 个范围表示前面讨论的 4 个超参数：

```
# 'hidden_layer_sizes': first four values
# 'activation': 0..2.99 # 'solver': 0..2.99
# 'alpha': 0.0001..2.0
# 'learning_rate': 0..2.99
BOUNDS_LOW = [ 5, -5, -10, -20, 0, 0, 0.0001, 0 ]
BOUNDS_HIGH = [15, 10, 10, 10, 2.999, 2.999, 2.0, 2.999]
```

以上是全部的代码，程序不需要进行更多修改就可以处理添加的参数。

将种群数量为 20 的算法运行 5 代，得到以下结果：

```
gen nevals max avg
0 20 0.933333 0.447333
1 16 0.933333 0.631667
2 15 0.94 0.736667
3 16 0.94 0.849
4 15 0.94 0.889667
5 17 0.946667 0.937
- Best solution is:
```

```
'hidden_layer_sizes' = (8, 8)
'activation' = 'relu'
'solver' = 'lbfgs'
'alpha' = 0.572971105096338
'learning_rate' = 'invscaling'
=> accuracy = 0.9466666666666667
```

注意，由于操作系统之间的不同，运行此程序时生成的结果可能与此处显示的结果略有不同。

上述结果表明，在所定义的范围内，找到的隐藏层配置和超参数的最佳组合如下：

(1) 两个隐藏层，每层 8 个节点。

(2) activation 的参数为 relu，与默认相同。

(3) solver 的参数为 lbfgs，而不是默认的 adam。

(4) learning_rate 的参数为 invscaling，而不是默认的 constant。

(5) alpha 的值约为 0.572，远远大于默认值 0.0001。

这种组合的优化使分类精度达到约 94.7%，与之前的结果相比有了显著改善，同时比之前使用更少的隐藏层和节点数。

小结

本章首先介绍了人工神经网络和深度学习的基本概念。在熟悉了鸢尾花数据集和多层感知器(MLP)分类器后，介绍了网络架构优化的概念。随后提出了一种基于遗传算法的 MLP 分类器网络结构优化方法。最后，将网络架构优化与模型超参数优化及遗传算法结合起来，从而进一步提高了分类器的性能。

到目前为止，本书一直专注于有监督学习。第 10 章将研究把遗传算法应用于强化学习中，强化学习是机器学习中发展非常迅速的一个分支。

拓展阅读

[1] Spacagn G, Slater D. Python Deep Learning[M]. 2nd. USA: Packt, 2019.

[2] Loy J. Neural Network Projects with Python[M]. USA: Packt, 2019.

[3] scikit-learn Multilayer Perceptron Classifier[EB/OL]. https://scikit-learn.org/stable/modules/neural_networks_supervised.html.

[4] UCI Machine Learning Repository[EB/OL]. https://archive.ics.uci.edu/ml/index.php.

第 10 章

基于遗传算法的强化学习

本章将演示如何将遗传算法应用于强化学习，强化学习是机器学习领域中快速发展的一个分支，能够应对复杂的任务。本章主要通过解决 OpenAI Gym 工具包中的两个基准环境进行验证。本章首先对强化学习进行概述，然后简要介绍 OpenAI Gym（可用于比较和开发强化学习算法的工具包），并介绍基于 Python 的应用界面。然后，将在两种 Gym 环境（MountainCar 和 CartPole）中开发基于遗传算法的程序来应对它们所面临的挑战。

本章主要涉及以下主题：

- 了解强化学习的基本概念；
- 熟悉 OpenAI Gym 项目及其界面；
- 使用遗传算法求解 OpenAI Gym MountainCar 环境；
- 结合遗传算法和神经网络来求解 OpenAI Gym CartPole 环境。

本章将首先讨论强化学习的基本概念，如果您是经验丰富的数据科学家、那么可略过相关内容。

10.1 技术要求

本章将在 Python 3 中使用以下支持库：deap、numpy、sklearn、gym（本章介绍），其中使用的 Gym 环境如下：

（1）MountainCar-v0。

（2）CartPole-v1。

10.2 强化学习

前面的章节讨论了与机器学习相关的几个主题，并重点讲述了有监督学习任务。虽然有监督学习非常重要，并且在现实生活中有很多应用，但是强化学习看起来是目前机器学习中极受欢迎和极有前景的分支。其受欢迎的原因在于强化学习有潜力处理类似于日常生活的复杂任务。2016 年 3 月，**AlphaGo**（一个专门研究高复杂度围棋的强化学习系统）在一场被媒体广泛关注的比赛中击败了被认为是过去十年最强的围棋棋手。

虽然有监督学习需要使用包含标签的数据进行模型训练，即标记过的输入和输出，但强化学习不会立即产生**正确/错误**的反馈，相反，它提供了一种寻求长期累积奖励的环境。这意味着，有时候，算法需要暂时**后退**一步，以最终达到长期目标，这将在本章的第一个示例中得到证明。

强化学习的两个主要组成部分是环境(environment)和智能体(agent)，如图10-1所示。

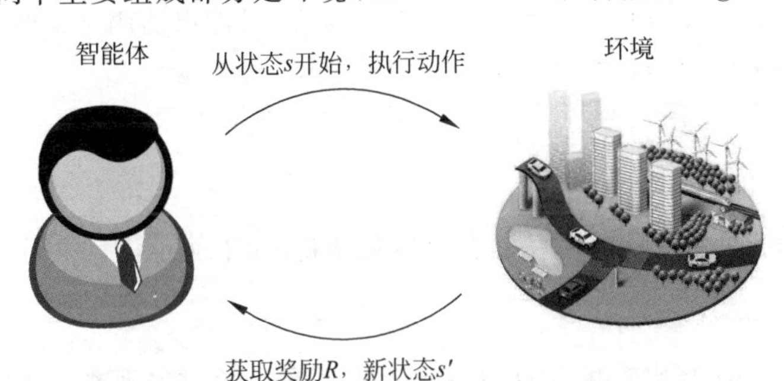

图10-1 强化学习表现为主体与环境之间的互动

智能体表示一种与环境交互的算法，它试图通过最大化累积报酬来解决给定的问题。

智能体与环境之间发生的交互可以用一系列步骤表示。在每个步骤中，环境都会向智能体呈现某种状态(s)，也称为**观测**。智能体依次执行动作(a)。环境以新状态(s')以及中间奖励值(R)作为响应。这种交换一直持续到满足特定的停止条件为止。智能体的目标是最大化整个过程中收集的奖励价值之和。

尽管这个构想很简单，但它仍可用于描述极其复杂的任务和情况，这使得强化学习的应用场景十分广泛，例如博弈论、医疗保健、控制系统、供应链自动化和运筹学。

本章将再次展示遗传算法的灵活性，我们将利用它们来辅助强化学习任务。

人们为执行强化学习任务，开发出了各种专用算法，例如Q-Learning、SARSA和DQN等。但是，由于强化学习任务涉及最大化长期奖励，可以将其视为优化问题。遗传算法可用于解决各种类型的优化问题，因此遗传算法也可以用于强化学习，并且有多种不同的方式。本章将演示其中的两种方式：第一种是基于遗传算法的解将直接提供最佳的智能体行动序列；第二种是为这些动作的神经控制器提供最佳参数。

在开始将遗传算法应用于强化学习任务之前，先熟悉执行这些任务用到的工具包——OpenAI Gym。

10.3 OpenAI Gym

OpenAI Gym是一个旨在允许访问标准化强化学习任务集的开源库，提供了一个可用于比较和开发强化学习算法的工具包。

OpenAI Gym由一系列环境组成，所有环境都有一个称为env的通用接口。该接口将各种环境与智能体分离，如此便能够以任何我们喜欢的方式来实现，对智能体的唯一要求是它可以通过 env 接口与环境交互。这将在下面进行描述。

基本软件包 gym 可以访问多个环境，安装方式如下：

```
pip install gym
```

还有一些具有同样功能的其他软件包，例如 Atari、Box2D 和 MuJoCo，它们提供了对众多附加环境的访问。其中一些软件包具有系统依赖性，可能仅适用于某些操作系统。

下面将描述与 env 接口的交互。

使用 make()方法和所需环境的名称来创建环境，如下所示：

```
env = gym.make('MountainCar-v0')
```

创建环境后，可使用 reset()方法对其进行初始化，如下所示：

```
observation = env.reset()
```

此方法返回描述环境初始状态的 observation 对象。该对象观察到的内容取决于环境。

通过 step()方法可实现与环境的持续交互包括向其发送动作，以及反馈获得中间奖励和新状态：

```
observation, reward, done, info = env.step(action)
```

除了描述新状态的 observation 对象和代表中间奖励的浮点型数值 reward 之外，此方法还返回以下值。

(1) done：是一个布尔值，在当前运行(也称为**当前回合 episode**)结束时变为 True，例如智能体失效或成功完成任务。

(2) info：是一个字典，包含可选的、可能对调试有用的附加信息，它不能被用于智能体学习。

可在任意时间点对环境渲染以进行可视化：

```
env.render()
```

此呈现是基于特定环境的。

最后，可以关闭环境以进行必要的清理，如下所示：

```
env.close()
```

如果未调用此方法，则环境将在 Python 下一次运行其垃圾回收程序(识别和释放不再使用内存的过程程序)或程序退出时自动关闭。

有关 env 接口的详细信息，请访问 http://gym.openai.com/docs/。

与环境互动的完整过程详见 10.4 节，我们也将遇到第一个 gym 挑战 MountainCar

环境。

10.4 处理 MountainCar 环境问题

MountainCar-v0 模拟一辆位于两座山之间的一维轨道中的汽车。仿真开始时，汽车位于山丘之间，效果如图 10-2 所示。

目标是让汽车爬上更高的山(右侧的那座山)，最终撞上旗子，如图 10-3 所示。

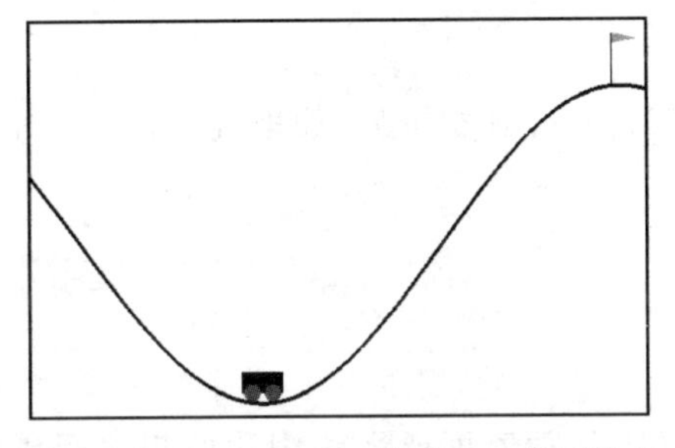

图 10-2 MountainCar 仿真——在起始点

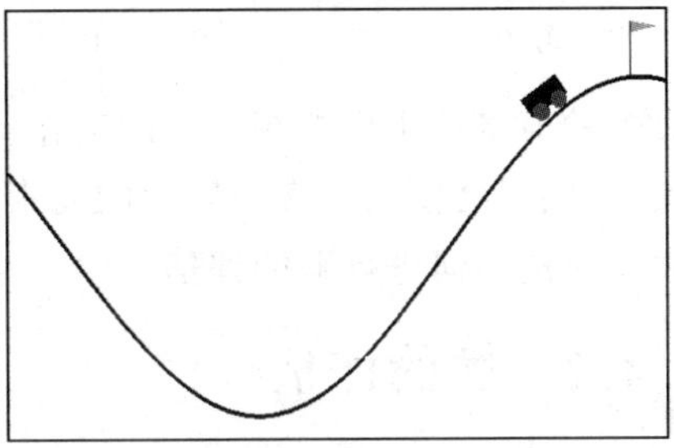

图 10-3 MountainCar 仿真——小车爬上右侧的山

仿真设置的条件是，汽车发动机功率太小而无法直接爬上更高的山。而达到此目标的唯一方法是来回驱动汽车，直到攒够足够的动力用于爬升为止。攀登左边的山将有助于实现这一目标，即可以先到达左边山峰，使汽车具有足够的能量冲向右侧，如图 10-4 所示。

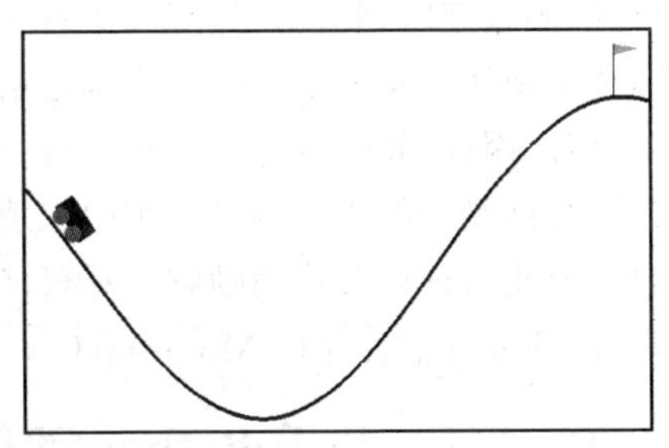

图 10-4 MountainCar 仿真——小车从左侧的山上俯冲而下

这个仿真可以很好地展示中间损失(向左移动)仍可以帮助实现最终目标(一直向右)。

此仿真中的预期动作值是以下 3 个整数之一。

(1) 0：向左推。

(2) 1：不推。

(3) 2：向右推。

observation 对象包含两个浮点型数值，它们描述了汽车的位置和速度。如下面代码段所示：

```
[-1.0260268, -0.03201975]
```

最后，每一步的奖励值(reward)为−1，直到达到目标(位于位置 0.5)。如果一直未达到目标，则仿真将在 200 步后停止。

在撰写本书时，尚未确定解决 MountainCar 的 gym 环境的要求，因此，在给定固定起始位置并使用一系列预选动作的情况下，将尝试以 200 步或更少的步数达到目标。为了找到一系列动作使汽车爬上高的山峰并撞到旗子，将设计一种基于遗传算法的解。像往常一样，将从定义这个问题候选解的表示开始。

10.4.1 解的表示

由于 MountainCar 由一系列动作控制，每个动作的值分别为 0(向左推动)，1(无推动)或 2(向右推动)，并且在一次仿真中最多可以有 200 个动作。显而易见，可以用一个长度为 200 的列表表示候选解，其中包含 0、1 或 2 的值。示例如下：

```
[0, 1, 2, 0, 0, 1, 2, 2, 1,…, 0, 2, 1, 1]
```

列表中的值将被用作控制汽车的动作，并希望将其开到旗子处，如果汽车在 200 步以内到达了旗子，则不会使用列表中后面的元素。

下面将讨论如何进行解的评估。

10.4.2 解的评估

在评估给定解或在比较两个解时，很明显，仅凭奖励值可能无法为我们提供足够的信息。按照奖励的定义，如果没有碰到旗子，那么其值将始终为－200。当比较两个没有达到目标的候选解时，我们仍然想知道哪个更接近它，并视其为更好的解。因此，除了奖励值之外，还将使用汽车的最终位置来确定解的得分。如果汽车没有碰到旗子，则得分将是到旗子的距离。因此，我们将寻找一种使得分最小化的解。如果汽车撞到了旗子，则得分将为零，然后，根据剩余的步数减去一个附加值，使得分数为负。由于我们的目标是寻找尽可能小的得分，因此这种设置将激励解用尽可能少的动作来达到目标。

该评分评估程序由 MountainCar 类实现，详见 10.4.3 节的描述。

10.4.3 基于 Python 的问题表示

为了封装 MountainCar 问题，创建了一个名为 MountainCar 的 Python 类。此类包含在 mountain_car.py 文件中，可在提供的示例代码中查看。

该类使用随机种子初始化，并提供以下方法。

(1) getScore(actions)：计算由一系列动作表示的给定解的得分。通过启动 MountainCar 的仿真环境并使用提供的动作来计算得分，得分越低越好。

(2) saveActions(actions)：使用 pickle(Python 的对象序列化和反序列化模块)将一系列动作保存到文件中。

(3) replaySavedActions()：逆序列化最后保存的动作列表，并使用 replay 方法对其进行重放。

(4) replay(actions)：渲染环境并将特定的动作列表在环境中重演，以可视化给定的解。

在使用 saveActions()方法序列化和保存解之后，可以使用类的 main 方法初始化该类，并调用 replaySavedActions()来渲染和动画演示最后保存的解。

通常使用 main 方法为基于遗传算法的程序找到的最优解制作演示动画。这将在 10.4.4 节中进行描述。

10.4.4 遗传算法求解

为了使用遗传算法求解 MountainCar 问题，创建了名为 01-solve-mountain-car.py 的 Python 程序，可在提供的示例代码中查看。

该问题候选解的表示形式是一个包含整数值 0、1 或 2 的列表，因此该程序与第 4 章中用于求解 0-1 背包问题的方案相似(该问题中将解表示为值为 0 和 1 的列表)。

以下步骤描述了该程序的主要部分。

(1) 创建一个 MountainCar 类的实例，用于为 MountainCar 问题的解打分：

```
car = mountain_car.MountainCar(RANDOM_SEED)
```

(2) 当前目标是使分数最小化，换句话说，以最少的步数到达目标；若无法到达，则尽可能接近该目标。因此定义了一个单一目标，即最小化适应度函数：

```
creator.create("FitnessMin", base.Fitness, weights = ( - 1.0,))
```

(3) 创建一个 toolbox 函数，该函数可以随机地产生 3 个允许的操作值，如 0、1 或 2：

```
toolbox.register("zeroOneOrTwo", random.randint, 0, 2)
```

(4) 创建一个函数，该函数使用这些值填充个体实例：

```
toolbox.register("individualCreator",
                 tools.initRepeat,
                 creator.Individual,
                 toolbox.zeroOneOrTwo,
                 len(car))
```

(5) 遗传算法使用 MountainCar 实例的 getScore()方法进行适应性评估。利用 10.4.3 节描述的 getScore()方法启动了一个 MountainCar 环境的仿真，并使用给定的个体(动作列表)作为环境输入，直到该仿真完成。然后，它根据汽车的最终位置来评估分数——分数越低越好。如果汽车到达目标，可能会得到更低的分数，具体由到达目标的步数确定：

```
def carScore(individual):
    return car.getScore(individual),
toolbox.register("evaluate", carScore)
```

(6) 对于遗传算子，使用规模为 2 的锦标赛选择。由于解的表示形式是一个整数值为 0、1 或 2 的列表，因此可以使用两点交叉算子。但是，对于变异，需要使用 UniformInt 算子(该算子适用于整数值范围)，并将其范围配置为 0～2，而不是通常用于二进制情况的 FlipBit 算子。

```
toolbox.register("select", tools.selTournament, tournsize = 2)
```

```
toolbox.register("mate", tools.cxTwoPoint)
toolbox.register("mutate", tools.mutUniformInt, low = 0, up = 2, indpb = 1.0/len(car))
```

（7）继续使用精英保留策略，在这种情况下，名人堂（HOF）成员（当前最优秀的个体）始终不受影响地传给下一代：

```
population, logbook = elitism.eaSimpleWithElitism(population,
                                                  toolbox,
                                                  cxpb = P_CROSSOVER,
                                                  mutpb = P_MUTATION,
                                                  ngen = MAX_GENERATIONS,
                                                  stats = stats,
                                                  halloffame = hof,
                                                  verbose = True)
```

（8）运行程序之后，将最优解输出并保存，以便后面可以使用 MountainCar 类中内置的重播功能对其进行动画演示：

```
best = hof.items[0]
print("Best Solution = ", best)
print("Best Fitness = ", best.fitness.values[0])
car.saveActions(best)
```

将算法运行 80 代，种群数量设置为 100，得到以下结果：

```
gen nevals min avg
0 100 0.659205 1.02616
1 78 0.659205 0.970209
...
60 75 0.00367593 0.100664
61 73 0.00367593 0.0997352
62 77 -0.005 0.100359
63 73 -0.005 0.103559
...
67 78 -0.015 0.0679005
68 80 -0.015 0.0793169
...
79 76 -0.02 0.020927
80 76 -0.02 0.0175934
Best Solution = [0, 1, 2, 0, 0, 1, 2, 2, 2, 2, 2, 2, 1, 1, 2, 2, 0, ..., 1, 0, 2, 2, 0, 2, 1]
Best Fitness = -0.02
```

从前面的输出中可以看出，大约 60 代之后，最优解开始到达目标，产生零或更低的分数值。从这时开始，最优解将通过更少的步数到达目标，从而产生越来越多的负分值。

正如前面提到的，最优解在运行结束时被保存，现在可以通过运行 mountain_car 程序来重播它。图 10-5 说明了解的动作是如何驱动汽车在两个山峰之间来回移动的，每次汽车都能爬得更高，直到爬上左侧较低的山顶为止。然后，它反弹回来，并有足够的动力登上右侧的山顶,到达旗子的位置。

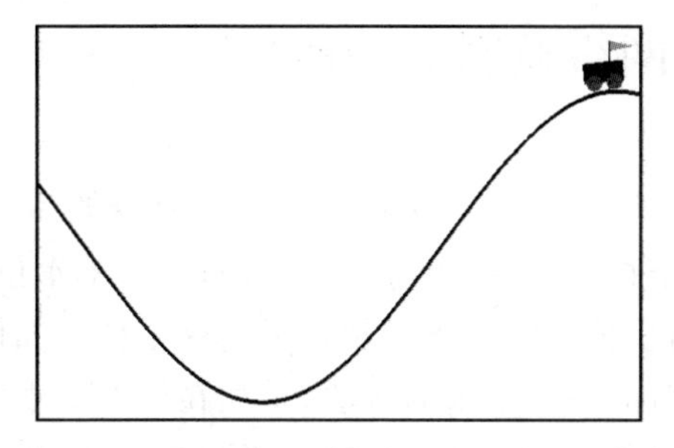

图 10-5　MountainCar 仿真——小车抵达目标

尽管解决这个问题很有趣,但是构建此环境的方式并不需要与之动态交互。根据汽车的初始位置,可以通过算法组合的一系列动作来爬山。与此不同,将要解决的下一个环境称为 CartPole(倒立摆),要求根据最新的观察结果,随时随地动态地计算动作。

10.5　处理 CartPole 环境问题

CartPole-v1 环境模拟一根立杆的平衡行为,该立杆的底部铰接到推车上,推车可以沿着轨道左右移动。通过一次向推车施加一个单位的力(向右或向左)来平衡立杆。在这种环境下,作为摆锤的立杆在一个很小的随机角度内竖立,如图 10-6 所示。

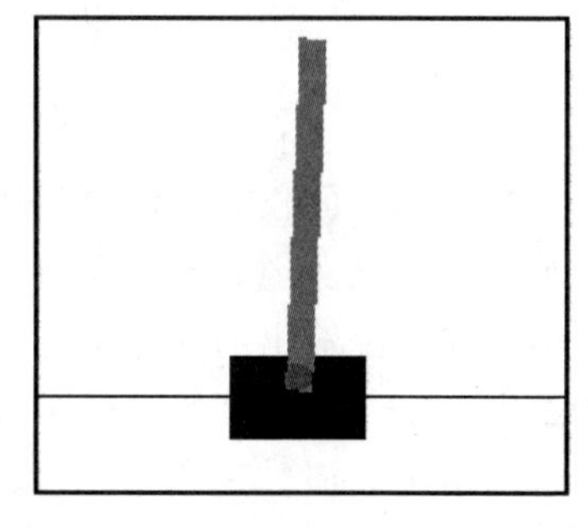

图 10-6　CartPole 仿真——起始点

目标是在 500 个时间步长内尽可能使倒立摆不会跌落到任一侧。对于立杆保持直立的每个时间步长,将获得+1的奖励,因此最大总奖励为 500。如果在运行过程中发生以下情况之一,则仿真将提前结束。

(1) 立杆与垂直位置的角度超过 15°。

(2) 推车与中心的距离超过 2.4 个单位。

因此,在这些情况下的总奖励将小于 500。此仿真中的预期动作值(action)是以下两个值之一的整数。

(1) 0:向左推推车。

(2) 1:向右推推车。

观测(observation)对象包含描述以下信息的 4 个浮点数:

(1) 推车位置(−2.4～2.4)。

(2) 推车速度(−Inf 和 Inf 之间)。

(3) 杆的角度(−41.8°～41.8°)。

(4) 杆尖速度(在−Inf 和 Inf 之间)。

例如,如下数值[0.33676587、0.3786464,−0.00170739,−0.36586074]。

在提出的解中,将在每个时间步长将这些值用作输入,以确定要采取的操作。将借助基于神经网络的控制器来实现这一点。下一部分将对此进行进一步描述。

10.5.1 用神经网络控制 CartPole

为了顺利完成 CartPole 挑战，要动态地响应环境的变化。例如，当立杆开始向一个方向倾斜时，就要沿该方向移动推车，但当立杆开始稳定时就要停止推车。因此，这里的强化学习任务可以看作训练一个控制器，通过将 4 个可用输入(推车位置、推车速度、杆的角度和杆的速度)映射到每个时间步长上的适当动作来平衡这个杆。如何实现这种映射呢？

神经网络是实现此映射的一种不错的方法，正如在第 9 章中所看到的那样，诸如多层感知器之类的神经网络可以在其输入和输出之间实现复杂的映射。这种映射是借助于网络参数，即网络中活动节点的权重和偏置，以及由这些节点实现的传递函数来完成的。这里将使用具有 4 个节点的单隐藏层网络。另外，输入层由 4 个节点组成，每个节点对应于一个环境提供的输入值，而输出层只有一个节点，因为只有一个输出值(要执行的动作)。图 10-7 说明了这种网络结构。

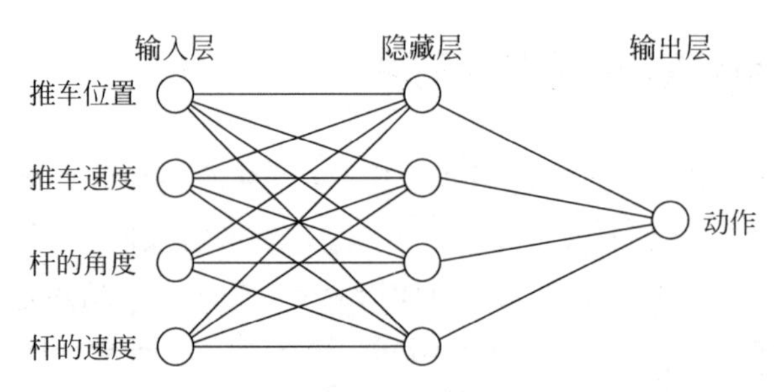

图 10-7 用于控制推车的神经网络的结构

神经网络的权重和偏置值通常是在训练网络的过程中设置的。到目前为止，只看到这种神经网络在实现有监督学习时使用反向传播算法进行训练。在上述每种情况下，都有一个输入和匹配输出的训练集，并且对网络进行了训练，以便将每个给定的输入映射到其匹配的给定输出。但当训练强化学习模型时，没有这样的训练信息。相反，只知道网络在仿真结束时的情况如何。这意味着，除了使用传统的训练算法，还需要一种方法，该方法将通过运行环境仿真获得的结果找到最佳的网络参数(权重和偏置)，这正是遗传算法最擅长的：只要有办法评估和比较这些结果，就可以找到一组可以带来最佳结果的参数。为此，需要弄清楚如何表示网络的参数，以及如何评估给定的这些参数集。

10.5.2 解的表示和评估

使用多层感知器类型的神经网络在 CartPole 挑战中控制推车需要优化的参数集是网络的权重和偏置。

(1) **输入层**不参与网络映射；而是接收输入值并将其传播给下一层的每个神经元。因此，该层网络不需要任何参数。

(2) **隐藏层**中的每个节点都完全连接到每个输入,因此,每个节点需要 1 个偏置值和 4 个权重值。

(3) **输出层**中的单一节点连接到隐藏层中的每个节点,因此需要 1 个偏置值和 4 个权重值。

总体来说,需要找到 20 种权重值和 5 种偏置值,所有的值都是浮点型数值。因此,每个候选解都可以表示为由 25 个浮点型数值组成的一个列表,如下所示:

```
[0.9505049282421143, -0.8068797228337171, -0.45488246459260073,
-0.7598208314027836,
..., 0.4039043861825575, -0.874433212682847, 0.9461075409693256,
0.6720551701599038]
```

评估给定的解意味着创建具有正确尺寸的 MLP(4 个输入,4 个节点的隐藏层和单个输出),并从浮点列表中将权重和偏置值分配给各个节点。然后,需要将这个 MLP 当作一个仿真中倒立摆的控制器,将仿真的最终总奖励用作该解的得分值。与上一个问题相反,当前的目标是最大程度地提高得分。该得分评估程序由 CartPole 类实现,具体将在 10.5.3 节中对其进行描述。

10.5.3 基于 Python 的问题表示

为了封装 CartPole 问题,创建了一个名为 CartPole 的 Python 类。此类包含在 cart_pole.py 文件中,可在提供的示例代码中查看。

该类用随机种子进行初始化,并提供以下方法。

(1) initMlp():使用所需的网络结构(层)和网络参数(权重和偏置)初始化多层感知器模型,这些参数是从表示候选解的浮点型数值列表中得到的。

(2) getScore():计算给定解的得分,由浮点型网络参数列表表示。具体通过以下操作完成:创建一个相应的多层感知器模型,启动 CartPole 环境的仿真并在 MLP 控制动作的情况下运行,同时将观测值用作输入,分数越高,效果越好。

(3) saveParams():使用 pickle 模块序列化并保存网络参数列表。

(4) replayWithSavedParams():逆序列化最新保存的网络参数列表,并用它的 replay 方法重播仿真。

(5) replay():渲染环境并使用给定的网络参数来重播仿真,从而可视化给定的解。

该类的 main 方法在 saveParams()方法将解序列化和保存之后使用,将初始化该类并调用 replayWithSavedParams()方法对已保存的解进行渲染和动画处理。

通常,使用 main 方法对基于遗传算法找到的最优解进行动画处理。

10.5.4 遗传算法求解

为了与 CartPole 环境进行交互并使用遗传算法对其进行求解,创建了名为 02-solve-cart-pole.py 的 Python 程序,可在提供的示例代码中查看。

由于采用浮点型列表来表示解(网络的权重和偏置),因此该程序与第 6 章中介绍的函数优化程序非常相似,例如我们用于 Eggholder 函数优化的程序。

以下为该程序的主要步骤描述。

(1) 创建 CartPole 类的实例,以便能够测试 CartPole 问题的候选解:

```
cartPole = cart_pole.CartPole(RANDOM_SEED)
```

(2) 设置浮点数值的上下边界。由于所有的值都代表神经网络中的权重和偏置,因此我们需要设置范围,使其每个维度上的范围为−1.0~1.0:

```
BOUNDS_LOW,BOUNDS_HIGH = -1.0、1.0
```

(3) 当前目标是最大化得分,即能够保持平衡的持续时间。为此,定义了一个目标,即最大化适应度策略:

```
creator.create("FitnessMax", base.Fitness, weights = (1.0,))
```

(4) 创建一个辅助函数,用于创建在给定范围内均匀分布的随机实数。此函数假定每个维度的范围都是相同的:

```
def randomFloat(low, up):
return [random.uniform(l, u) for l, u in zip([low] *
NUM_OF_PARAMS, [up] * NUM_OF_PARAMS)]
```

(5) 创建一个随机返回浮点型数值列表的函数,该值应在之前设置的期望值范围内:

```
toolbox.register("attrFloat", randomFloat, BOUNDS_LOW, BOUNDS_HIGH)
```

(6) 定义一个算子,该算子使用前面的算子填充个体实例:

```
toolbox.register("individualCreator",
                 tools.initIterate,
                 creator.Individual,
                 toolbox.attrFloat)
```

(7) 使用 CartPole 实例的 getScore()方法对遗传算法进行适应性评估,getScore()方法可以启动 CartPole 环境的仿真。在仿真过程中,小车由单隐藏层的 MLP 控制。该 MLP 的权重和偏置值由代表当前解的浮点列表填充。MLP 动态地将环境的观测值映射为一个向右或向左的动作。仿真完成后,总奖励就是分数,即 MLP 能够保持杆位平衡的时间步长,该分数越高越好:

```
def score(individual):
return cartPole.getScore(individual),
toolbox.register("evaluate", score)
```

(8) 选择要使用的遗传算子。同样使用规模为 2 的锦标赛选择作为选择算子。鉴于解由给定范围内的浮点型数值列表来表示,因此将使用 DEAP 框架提供的专用连续有界交叉算子和变异算子——cxSimulatedBinaryBounded 和 mutPolynomialBounded：

```
toolbox.register("select", tools.selTournament, tournsize = 2)
toolbox.register("mate",
                 tools.cxSimulatedBinaryBounded,
                 low = BOUNDS_LOW,
                 up = BOUNDS_HIGH,
                 eta = CROWDING_FACTOR)
toolbox.register("mutate",
                 tools.mutPolynomialBounded,
                 low = BOUNDS_LOW,
                 up = BOUNDS_HIGH,
                 eta = CROWDING_FACTOR,
                 indpb = 1.0/NUM_OF_PARAMS)
```

(9) 使用精英保留策略，在这种情况下，名人堂 HOF 成员(当前最优秀的个体)始终不受影响地传给下一代：

```
population, logbook = elitism.eaSimpleWithElitism(population,
                                                  toolbox,
                                                  cxpb = P_CROSSOVER,
                                                  mutpb = P_MUTATION,
                                                  ngen = MAX_GENERATIONS,
                                                  stats = stats,
                                                  halloffame = hof,
                                                  verbose = True
```

(10) 运行程序之后，将最优解输出并保存，以便后面可以使用内置于 MountainCar 类中的回放功能对其进行动画演示：

```
best = hof.items[0]
print("Best Solution = ", best)
print("Best Score = ", best.fitness.values[0])
cartPole.saveParams(best)
```

(11) 由于 CartPole 挑战提供了完成需求的定义，因此我们将检查所得到的解是否满足这些需求。在撰写本书时，该挑战的官方看法是：如果在 100 个连续试验中平均奖励大于或等于 195.0，则挑战已完成。网址为 https://github.com/openai/gym/wiki/CartPole-v0#solved-requirements。

这个定义可能是在单个仿真的最大时间步长为 200 时创建的。但是，在此之后，仿真长度已增加到 500 个时间步长。因此，将目标重新定为：在 100 个连续试验中平均奖励大于或等于 490.0 分。通过对最佳个体进行 100 次连续测试并求出所有测试结果的平均值，检查是否满足要求：

```
scores = []
for test in range(100):
```

```
    scores.append(cart_pole.CartPole().getScore(best))
print("scores = ", scores)
print("Avg. score = ", sum(scores) /len(scores))
```

注意，在测试运行期间，每次都会随机启动 CartPole 问题，因此每个仿真都是从略有不同的起始条件开始的，并可能产生不同的结果。

现在看这项挑战的完成情况，通过将算法运行 10 代，种群数量为 20，得到以下结果：

```
gen nevals max avg
0 20 41 13.7
1 15 54 17.3
...
5 16 157 63.9
6 17 500 87.2
...
9 15 500 270.9
10 13 500 420.3
Best Solution = [0.733351790484474, - 0.8068797228337171,
- 0.45488246459260073, ...
Best Score = 500.0
```

从前面的输出中可见，仅仅 6 代之后，最优解的最高分就达到了 500 分，在整个仿真中都保持平衡。

查看以下测试的结果，进行了 100 个测试，看到所有的结果都为满分 500：

```
Running 100 episodes using the best solution...
scores = [500.0, 500.0, 500.0, 500.0, 500.0, 500.0, 500.0, 500.0, 500.0, 500.0, 500.0, 500.
0,
...
500.0, 500.0, 500.0, 500.0]
Avg. score = 500.0
```

在这 100 次运行中，每次都以略有不同的随机起点开始。但是，该控制器功能强大，足以在每次测试中都能做到平衡。为了查看控制器的运行情况，可以执行 CartPole 的一个仿真，并使用之前通过启动 cart_pole 程序保存的结果。动画演示说明了在整个仿真中控制器如何通过应用动作来动态响应杆的运动，从而使杆保持平衡。

如果想试验一些效果不佳的结果以便与这些完美结果做对比，建议在隐藏层中设置 3 个，甚至两个节点（而不是 4 个）来重复该实验，只需在 CartPole 类中相应地更改 HIDDEN_LAYER 常数值即可。

小结

本章首先介绍了强化学习的基本概念。在熟悉 OpenAI Gym 工具包后，展示了

MountainCar 问题，在挑战中需要对小车进行控制，使其能够爬上两座山中更高的一个。在使用遗传算法解决了这一难题之后，继续介绍了另一个挑战：CartPole，在该挑战中，要精确控制推车以保持立杆平衡，我们将基于神经网络的控制器的功能与遗传算法指导的训练相结合解决了这一问题。

第 11 章将了解如何使用遗传算法重建具有一组半透明重叠形状的名画。

拓展阅读

[1] Shanmugamani R，Ravichandiran S. Python Reinforcement Learning[M]. USA：Packt，2018.
[2] Lapan M. Deep Reinforcement Learning Hands-On[M]. USA：Packt，2019.
[3] OpenAI Gym documentation[EB/OL]. http://gym. openai. com/docs/.
[4] Brockman G，Cheung V，Pettersson L，et al. OpenAI Gym[EB/OL]. https://arxiv. org/abs/1606. 01540.

第 4 部分　相关方法

本部分描述与遗传算法相关的几个优化方法，以及其他生物启发的计算算法。本部分包括以下章节：

- 第 11 章，遗传图像重建；
- 第 12 章，其他进化和生物启发计算方法。

第 11 章

遗传图像重建

本章将进行遗传算法在图像处理中最流行的一项实验——使用一组半透明多边形重建图像。通过此过程可以获得图像处理方面的有用经验，同时对进化计算过程有一个直观深入的了解。

本章首先介绍基于 Python 图像处理的 3 个相关库：Pillow、scikit-image 和 opencv-python。然后介绍如何使用多边形从头开始绘制图像以及计算两个图像之间的差异。最后提供一个基于遗传算法的程序开发过程，通过这个程序，可以利用多边形重建一幅名画的一部分并检查结果。

本章主要涉及以下主题：

- 熟悉 Python 的多个图像处理库；
- 了解如何使用多边形以编程的方式绘制图像；
- 了解如何以编程的方式比较两个给定图像；
- 结合图像处理库，使用遗传算法，利用多边形重建图像。

本章首先对图像重建任务进行概述。

11.1 技术要求

本章将在 Python 3 中使用以下支持库：deap、numpy、matplotlib、seaborn、Pillow (PIL fork)、scikit-image (skimage)、OpenCV-Python (cv2)。

11.2 用多边形重建图像

使用遗传算法进行图像处理的一个最常见的例子是用一组半透明的重叠形状重建给定的图像。这些有趣的实验不仅让您有机会获得图像处理经验，而且为进化过程提供了极好的可视化效果，同时，这些实验可能让人们更好地理解视觉艺术，以及促进图像分析和图像压缩技术的发展。

在这些图像重建实验中(可以在互联网上找到其多种变体)，通常是以一幅名画或其中的一部分作为参考。目标是通过组合一组重叠的形状(通常是多边形)来构造相似的图像，这些形状具有不同的颜色和透明度。

与本书针对许多类型的问题所做的类似，本章将通过使用遗传算法和 deap 库来应对这个挑战。由于需要绘制图像并将其与参考图像进行比较，所以需先了解一下 Python 中图像处理的基础知识。

11.3 Python 中的图像处理

为了实现图像处理的目的，需要执行各种图像处理操作。例如，如何从头开始创建图像、在画布上绘制形状、绘制图案、打开图像文件、将图像保存到文件中、比较两个图像以及调整图像的大小。下面几节将探讨如何使用 Python 来实现这些操作。

11.3.1 Python 图像处理库

在可供 Python 程序员使用的大量图像处理库中，我们选择了 3 个最常用的库。将在下面简要介绍。

1. Pillow 库

Pillow 库当前是由 **Python Imaging Library(PIL)**维护的分支。它支持对图像文件的打开、处理和另存为其他图像文件格式的操作。它的文件处理功能主要包括处理图像文件、绘制形状、控制其透明度和操纵像素等，可将其作为创建重建图像的主要工具。

常用 pip 命令的方式安装 Pillow 库，如下所示：

```
pip install Pillow
```

Pillow 库使用 PIL 命名空间。如果已经安装了原始 PIL 库，则须先将其卸载。可以在相关文档中了解更多信息，文档网址可扫描二维码查看。

2. scikit-image 库

SciPy 社区开发的 scikit-image 库扩展了 scipy. image 并提供了一系列图像处理算法，包括图像 I/O、过滤、颜色处理和对象检测。这里只使用它的 metrics 模块，用于比较两个图像。

在一些 Python 的发行版中预装了 scikit-image 库，比如 Anaconda 和 win Python。如果需要安装 scikit-image 库，则使用 pip 命令，如下所示：

```
pip install scikit - image
```

如果运行的是 Anaconda 或 miniconda 版本，则改用以下命令：

```
conda install - c conda - forge scikit - image
```

可以查看相关文档来了解更多关于 scikit-image 的信息，网址可扫描二维码查看。

3. opencv-python 库

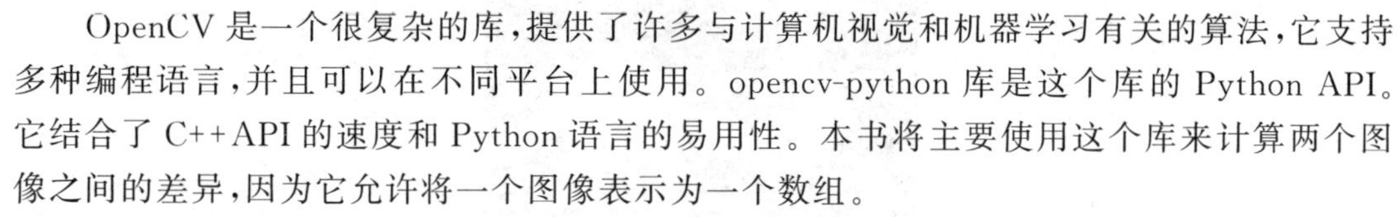

OpenCV 是一个很复杂的库，提供了许多与计算机视觉和机器学习有关的算法，它支持多种编程语言，并且可以在不同平台上使用。opencv-python 库是这个库的 Python API。它结合了 C++API 的速度和 Python 语言的易用性。本书将主要使用这个库来计算两个图像之间的差异，因为它允许将一个图像表示为一个数组。

这个库包含 4 个不同的程序包，它们都使用相同的命名空间(cv2)。在单个环境中只能选择其中一个安装包。安装它可以使用以下命令，该命令仅安装主要模块：

```
pip install opencv - python
```

可查看相关文档了解更多关于 OpenCV 的信息，网址可扫描二维码查看。

11.3.2 用多边形绘制图像

可以使用 Pillow 库的 Image 和 ImageDraw 类从头开始绘制图像，如下所示：

```
image = Image.new('RGB', (width, height))
draw = ImageDraw.Draw(image, 'RGBA')
```

RGB 和 RGBA 是 mode 参数的值。RGB 表示每个像素有 3 个 8 位值，分别表示红色(R)、绿色(G)和蓝色(B)。RGBA 添加了第 4 个 8 位值 A(Alpha)，代表要添加的图形的不透明度级别。RGB 基本图像和 RGBA 绘图的结合能够在黑色背景上绘制透明度不同的多边形。

现在，可以使用 ImageDraw 类的 polygon 函数将多边形添加到基础画布中，如下例所示。以下语句将在画布上绘制一个三角形：

```
draw.polygon([(x1, y1), (x2, y2), (x3, y3)], (red, green, blue, alpha))
```

下面是对前面语句中的参数进行详细解释：

(1) (x1,y1)(x2,y2)和(x3,y3)元组代表三角形的 3 个顶点。每个元组都包含画布内相应顶点的坐标。

(2) red、green 和 blue 是[0,255]范围内的整数值，分别代表多边形相应颜色(红色、绿色、蓝色)的强度。

(3) alpha 是[0,255]范围内的整数值，代表多边形的不透明度值(值越低意味着透明度越高)。

注意，如果要绘制具有更多顶点的多边形，需要在列表中添加更多(x_i, y_i)元组。

通过这种方式可以添加多个多边形，所有多边形都绘制在同一张画布上，可能彼此重叠，如图 11-1 所示。

使用多边形绘制图像后，需要将其与参考图像进行比较，详见 11.3.3 节。

图 11-1 具有不同颜色和不透明度值的重叠多边形的绘图[①]

11.3.3 测量图像之间的差异

由于我们希望构建一个与原始图像尽可能相似的图像，因此需要一种方法来评估两个给定图像之间的相似性。有两种方法可用：

(1) 基于像素的均方误差(Mean Squared Error，MSE)。

(2) 结构相似度(Structural Similarity，SSIM)。

下面具体介绍。

1. 基于像素的均方误差

最常见的评估图像间相似性的方法是进行逐个像素比较。当然，这需要两个图像具有相同的尺寸。MSE 指标计算步骤如下：

(1) 计算两个图像中每对匹配像素之间差异的平方。由于图形中的每个像素都使用 3 个单独的值表示(red、green 和 blue)，因此需在这 3 个维度上计算每个像素的差异。

(2) 计算上述所有平方的和。

(3) 用总和除以像素总数。

当使用 OpenCV(cv2)库表示两个图像时，可以通过以下代码简单地完成此计算：

```
MSE = np.sum((cv2Image1.astype("float") - cv2Image2.astype("float")) ** 2)/float
(numPixels)
```

当两个图像相同时，MSE 值将为零。因此，最小化该指标可以作为目标。

2. 结构相似度(Structural Similarity，SSIM)

创建 SSIM 索引的目的是，通过将压缩图像与原始图像进行比较，以预测由给定压缩算法产生的图像质量。不像 MSE 方法那样计算绝对误差值，SSIM 是基于感知的，同时考虑结构信息的变化和图像中亮度和纹理等影响。

---

① 扫描二维码查看彩图。

scikit-image 库中的 metrics 模块提供了一个计算两个图像之间结构相似性指数的函数。当使用 OpenCV(cv2)库表示两个图像时，可以直接使用此函数：

```
SSIM = structural_similarity(cv2Image1, cv2Image2)
```

返回的值是[−1,1]范围内的浮点数，表示两个给定图像之间的 SSIM 索引。值为 1 表示图像相同。

默认情况下，该函数可用于比较灰度图像，如果要比较彩色图像，需将可选的 multichannel 参数设置为 true。

11.4 利用遗传算法重建图像

如前所述，实验目标是使用一个熟悉的图像作为参考，并使用不同颜色和透明度的重叠多边形的集合创建一个尽可能与参考图形相似的第二个图像。使用遗传算法，每个候选解都是一组这样的多边形，并通过将这些创建的图像与参考图像进行比较来评估该解。和往常一样，需要做的第一个决定是如何表示这些解。具体将在 11.4.1 节进行讨论。

11.4.1 解的表示与评价

解由图像边界内的一组多边形组成。每个多边形都有自己的颜色和透明度。使用 Pillow 库绘制此类多边形需要以下参数：

(1) 元组列表[(x_1,y_1),(x_2,y_2),…,(x_n,y_n)]代表多边形的顶点。每个元组包含图像中相应顶点的 x、y 坐标。因此，x 坐标的值范围为[0,图像宽度−1]，而 y 坐标的值范围为[0,图像高度−1]。

(2) 在[0,255]范围内的 3 个整数值，代表多边形颜色的红色、绿色和蓝色分量。

(3) 在[0,255]范围内的附加整数值，代表多边形的不透明度值。

这意味着对于集合中的每个多边形，需要[2×(多边形边数)+4]个参数。例如，三角形需要 10 个参数，而六边形需要 16 个参数。因此，三角形集合将使用以下格式的列表表示，其中每 10 个参数代表一个三角形：

$[x_{11}, y_{11}, x_{12}, y_{12}, x_{13}, y_{13}, r_1, g_1, b_1, alpha_1, x_{21}, y_{21}, x_{22}, y_{22}, x_{23}, y_{23}, r_2, g_2, b_2, alpha_2, \ldots]$

为了简化这种表示，将为每个参数使用[0,1]范围内的浮点数。在绘制多边形之前，将相应地扩展每个参数，使其符合所需的范围：顶点坐标的图像宽度和高度以及[0,255]范围内的颜色和不透明度值。

使用此表示法，50 个三角形的集合将表示为 500 个 0～1 的浮点型数值的列表，如下所示：

```
[0.1499488467959301, 0.3812631075049196, 0.0004394580562993053,
0.9988170920722447, 0.9975357316889601, 0.9997461395379549,
```

```
0.6338072268312986, 0.379170095245514, 0.29280945382368373,
0.20126488596803083,
...
0.4551462922205506, 0.9912529573649455, 0.7882252614083617,
0.01684396868069853, 0.2353587486989349, 0.003221988752732261,
0.9998952203500615, 0.48148512088979356, 0.11555604920908047,
0.08328550982740457]
```

评估一个给定的解意味着将这个长列表分成代表各个多边形的切片，对于三角形，该切片的长度为10。然后，需要创建一个新的空白画布，并从上面的列表中逐个绘制各种多边形。最后，需要计算所得图像与原始（参考）图像之间的差异。如前所述，可以采用两种不同的方法来计算图像之间的差异——基于像素的MSE和SSIM索引。这个（有点复杂）数值的评估过程是由一个Python类实现的，具体将在11.4.2节介绍。

11.4.2 基于Python的问题表示

为了封装图像重建这个挑战，创建一个名为ImageTest的Python类。该类包含在image_test.py文件中，具体可在提供的示例代码中查看。

该类使用两个参数初始化：参考图像的文件路径和用于构建图像的多边形顶点数。该类提供以下公共方法。

（1）polygondatoImage()：接收包含11.4.1节中讨论的多边形数据的列表，将该列表划分为表示单个多边形的块，并通过将多边形逐个绘制到空白画布上来创建包含这些多边形的图像。

（2）getDifference()：接收多边形数据，创建包含这些多边形的图像，并使用MSE或SSIM两种方法之一计算该图像与参考图像之间的差异。

（3）plotImages()：在参考图像旁边并排创建图像，以便进行视觉比较。

（4）saveImage()：接收多边形数据，创建包含这些多边形的图像，在参考图像旁边并排创建该图像绘图，并将绘图保存在文件中。

在遗传算法运行期间，将每隔100代调用一次saveImage()方法，以便保存表示重建过程快照的并排图像比较。调用该方法将由回调函数执行，具体将在11.4.3节介绍。

11.4.3 遗传算法的实现

为了使用一组半透明的重叠多边形重建给定的图像，通过遗传算法，创建了Python程序01-reconstruct-withpolygons.p，可在提供的示例代码中查看。

采用浮点型数值列表来表示解，包括多边形的顶点、颜色和透明度值。这个程序与第6章的函数优化程序非常相似，比如用于Eggholder函数优化的程序。

1. 程序的主要步骤

（1）设置与问题相关的常量值。POLYGON_SIZE为每个多边形的顶点数量，而NUM_OF_POLYGONS为将用于创建重建图像的多边形总数：

```
POLYGON_SIZE = 3
NUM_OF_POLYGONS = 100
```

(2) 创建 ImageTest 类的一个实例,它允许我们从多边形中创建新图像,并将这些图像与参考图像进行比较,同时保存进度:

```
imageTest = image_test.ImageTest("images/Mona_Lisa_Head.png",
POLYGON_SIZE)
```

(3) 设置浮点型数值的上下边界。如前所述,为方便起见,可对所有参数使用浮点型数值表示,且设置范围为 0.0～1.0。在评估解时,将这些值扩展到其实际范围,并在需要时转换为整型:

```
BOUNDS_LOW, BOUNDS_HIGH = 0.0, 1.0
```

(4) 当前目标是使图像(参考图像和使用多边形创建的图像)之间的差异最小化,因此定义了一个单一目标,即最小化适应度函数:

```
creator.create("FitnessMin", base.Fitness, weights = ( - 1.0,))
```

(5) 创建一个辅助函数用来生成在给定范围内均匀分布的随机实数。此函数假定每个维度的范围都是相同的:

```
def randomFloat(low, up):
    return [random.uniform(l, u) for l, u in zip([low] *
NUM_OF_PARAMS, [up] * NUM_OF_PARAMS)]
```

(6) 使用前面的函数创建一个算子,该算子随机返回一个浮点型数值列表,所有这些浮点数均在所需的[0,1]范围内:

```
toolbox.register("attrFloat", randomFloat, BOUNDS_LOW, BOUNDS_HIGH)
```

(7) 定义一个算子,该算子使用前面的算子填充个体实例:

```
toolbox.register("individualCreator",
                 tools.initIterate,
                 creator.Individual,
                 toolbox.attrFloat)
```

(8) 遗传算法使用 ImageTest 实例的 getDifference()方法进行适应度评估,getDifference()方法表示多边形列表的个体,创建包含这些多边形的图像,并使用 MSE 或 SSIM 计算该图像与参考图像之间的差异。首先,使用 MSE 方法计算差异:

```
def getDiff(individual):
return imageTest.getDifference(individual, "MSE"),

toolbox.register("evaluate", getDiff)
```

(9) 选择遗传算子。对于选择算子,使用规模为 2 的锦标赛选择,该选择算子与下面要使用的精英保留策略结合得很好:

```
toolbox.register("select", tools.selTournament, tournsize = 2)
```

(10) 至于交叉算子和变异算子,鉴于解的表示形式是一系列有界于某个范围的浮点型数值列表,使用第 6 章介绍的基于 DEAP 框架的连续有界函数 cxmulatedbinarybindined 和 mutbolymonialbounded:

```
toolbox.register("mate",
    tools.cxSimulatedBinaryBounded,
    low = BOUNDS_LOW,
    up = BOUNDS_HIGH,
    eta = CROWDING_FACTOR)

toolbox.register("mutate",
    tools.mutPolynomialBounded,
    low = BOUNDS_LOW,
    up = BOUNDS_HIGH,
    eta = CROWDING_FACTOR,
    indpb = 1.0/NUM_OF_PARAMS)
```

(11) 采用精英保留策略,即名人堂(HOF)成员(当前最优秀的个体)始终不受影响地传给下一代。不过,这次添加一个新功能——回调函数,该函数将每 100 代保存一次图像:

```
population, logbook =
elitism_callback.eaSimpleWithElitismAndCallback(population,
                                                toolbox,
                                                cxpb = P_CROSSOVER,
                                                mutpb = P_MUTATION,
                                                ngen = MAX_GENERATIONS,
                                                callback = saveImage,
                                                stats = stats,
                                                halloffame = hof,
                                                verbose = True)
```

(12) 运行结果为输出最优解并将其创建的图像绘制在参考图像旁边:

```
best = hof.items[0]
print("Best Solution = ", best)
print("Best Score = ", best.fitness.values[0])

imageTest.plotImages(imageTest.polygonDataToImage(best))
```

2. 回调函数的实现

在查看运行结果之前,先讨论步骤(11)中提到的回调函数的实现方法。

为了能够每 100 代保存一张最好的当前图像,需要对遗传主循环进行修改。第 4 章已经对主循环进行过一次修改，以便能够引入精英保留策略。为了进行这项更改，创建了 eaSimpleWithElitism()方法，该方法包含在名为 elitism. py 的文件中。此方法是 DEAP 框架下 algorithm. py 文件中 eaSimple()方法的修改版本，我们修改了原始方法，添加了精英保留策略，该策略使名人堂(HOF)的成员(当前最优秀的个体)在循环的每次迭代中都不受影响的传递给下一代。

为了实现回调，将进行另一个修改，并将方法名称更改为 eaSimpleWithElitismAndCallback()，并将包含它的文件重命名为 elitism_ callback. py。此修改分为两部分。

(1) 修改的第一部分是在该方法中添加一个名为 callback 的参数，此参数表示在每次迭代后调用的外部函数。

```
def eaSimpleWithElitismAndCallback(population, toolbox,
                                    cxpb, mutpb, ngen,
                                    callback = None,
                                    stats = None,
                                    halloffame = None,
                                    verbose = __debug__):
```

(2) 修改的第二部分在主循环内。在创建并评估了新一代函数之后，将调用回调函数。并将当前的代数和最佳个体作为回调函数的参数：

```
if callback:
    callback(gen, halloffame.items[0])
```

很多情况下都会用到这个定义的每代结束时进行调用的回调函数。为了方便使用，定义 saveImage()函数。每隔 100 代，调用 saveImage()函数保存当前最佳图像和参考图像的并排图像，如下所示：

(1) 使用模(%)运算判断，每 100 代运行一次该方法：

```
if gen % 100 == 0:
```

(2) 如果这一代运行了该方法，先为不存在的图像创建一个文件夹。将图像保存在使用多边形大小和多边形数量命名的文件夹中(例如，images/results/下的 run-3-100 或 run-6-50)：

```
folder = "images/results/run - {} -
                        {}".format(POLYGON_SIZE, NUM_OF_POLYGONS)
if not os.path.exists(folder):
os.makedirs(folder)
```

(3) 将当前最佳个体的图像保存在该文件夹中。图像的名称包含已传递的代数，例如 after-300-generations. png：

```
imageTest.saveImage(polygonData,
        "{}/after - {} - gen.png".format(folder, gen),
              "After {} Generations".format(gen))
```

现在，就完成了运行该算法并使用参考图像检查结果的准备工作。

11.4.4 图像重建结果

为了测试程序，将使用图 11-2 所示的图像，该图是列昂纳多·达·芬奇（Leonardo da Vinci）的名作《蒙娜丽莎》的一部分，它是世界上最著名的画作之一。

图 11-2 蒙娜丽莎画像的头部图

（来源：https://commons.wikimedia.org/wiki/File:Mona_Lisa_headcrop.jpg. 作者：Leonardo da Vinci. Licensed under Creative Commons CC0 1.0：https://creativecommons.org/publicdomain/zero/1.0/）

用于创建图像的多边形将是 100 个三角形：

```
POLYGON_SIZE = 3
NUM_OF_POLYGONS = 100
```

运行该算法 5000 代，种群规模为 200。如前所述，每 100 次迭代将保存一次并排比较图。运行结束时，可以回头检查保存的图像，以便可以跟踪重建图像的演变。

在运行该程序之前，请注意，由于多边形数据的长度和图像处理操作的复杂性，和到目前为止测试过的其他程序相比，遗传图像重建实验的运行时间会长得多，每个实验通常需要几个小时。这些实验的结果将在下面介绍。

1. 使用基于像素的均方误差

首先使用基于像素的 MSE 来测量参考图像和重建图像之间的差异。图 11-3 和图 11-4 保存了并排比较图的几个关键结果。

尽管最终结果包含尖锐的角和直线，但它与原始图像非常相似，这是预料中基于多边形图像的结果。眯着眼睛看图像有助于模糊重构图像的特征。通过使用 OpenCV 库提供的 GaussianBlur 过滤器，也可以通过编程方式实现类似的效果，如下所示：

```
origImage = cv2.imread('path/to/image')
blurredImage = cv2.GaussianBlur(origImage, (45, 45), cv2.BORDER_DEFAULT)
```

最后一个并排图像的模糊版本如图 11-5 所示。

(a) 100代

(b) 200代

(c) 500代

图 11-3 使用基于像素的均方差重建蒙娜丽莎的关键结果——第 1 部分

(a) 1000代

(b) 2000代

图 11-4 使用基于像素的均方误差重建蒙娜丽莎的关键结果——第 2 部分

(c) 5000代

图 11-4 （续）

图 11-5 原始图像和基于像素的重建图像的模糊版本

接下来，将尝试另一种测量参考图像和重建图像之间差异的方法——SSIM 索引。

2. 使用 SSIM 索引

重复上述实验，不过这次使用 SSIM 来测量参考图像和重建图像之间的差异。为此，修改 getDiff()的定义：

```
def getDiff(individual):
    return imageTest.getDifference(individual, "SSIM"),
```

此实验生成并保存了如图 11-6 和图 11-7 所示的关键的比较图像。

结果似乎很有趣——它捕捉到了图像的结构，但比基于 MSE 的结果更粗糙。因为 SSIM 更注重结构和纹理，所以颜色的差异比较大。图 11-8 是最终并排图像的模糊版本。

将 MSE 和 SSIM 两种差异测量方法结合起来可能会更有趣，鼓励大家自己进行实验。下面也介绍了其他一些实验建议。

3. 其他试验

可尝试的变化比较多，例如，增加多边形的顶点数量。如果期望使用更多的顶点得到一个更准确的结果，可以将顶点数更改为 6：

```
POLYGON_SIZE = 6
```

(a) 100代

(b) 200代

(c) 500代

图 11-6　使用 SSIM 指数重建蒙娜丽莎的关键结果——第 1 部分

(a) 1000代

图 11-7　使用 SSIM 指数重建蒙娜丽莎的关键结果——第 2 部分

(b) 2000代

(c) 5000代

图 11-7 （续）

图 11-8 原始图像和基于解耦相似度重建图像的模糊版本

重复此实验，这次用 10 000 代，将产生图 11-9 所示的最终的并排比较图像。

这个重建图像看起来比基于三角形的图像更精细，图 11-10 是此图像的模糊版本。

除了更改顶点的数量之外，还有许多其他可能的组合可以进行试验，例如：

(1) 改变形状总数。

(2) 改变种群规模和迭代次数。

(3) 使用非多边形形状（圆、椭圆）或规则形状（正方形、矩形）。

(4) 使用不同类型的参考图像（绘画、图纸、照片、徽标）。

(5) 用灰度图像代替彩色图像。

After 10000 Generations

图 11-9 使用基于像素的均方误差和多边形大小为 6 的图像重建结果

图 11-10 原始图像和基于像素的重建图像的模糊版本，多边形大小为 6

小结

本章首先介绍了使用一组重叠的半透明多边形重建现有图像的相关概念。然后介绍 Python 中的几个图像处理库，以及如何使用多边形从头开始以编程方式绘制图像和如何计算两个图像之间的差异。最后开发了基于遗传算法的程序，该程序使用多边形重建了一幅名画的一部分，并讨论了进行进一步实验的诸多可能性。

第 12 章将描述和演示一些与遗传算法相关问题的解决方法，以及其他受生物启发的计算算法。

拓展阅读

[1] Grow Your Own Picture[EB/OL]. https://chriscummins.cc/s/genetics/.

[2] 遗传编程:蒙娜丽莎的进化[EB/OL]. https://rogerjohansson.blog/2008/12/07/genetic-programming-evolution-of-mona-lisa.

[3] Sandipan Dey. Hands-On Image Processing with Python[M]. USA：Packt,2018.

[4] Wang Z, Bovik A C, Sheikh H R, et al. Image quality assessment：From error visibility to structural similarity[J]. IEEE Transactions on Image Processing, 2004(13)：600-612.

第12章 其他进化和生物启发计算方法

本章将拓展视野，发现与遗传算法相关的一些新问题的解决方法和优化算法。通过实现解决问题的Python程序，展示进化算法家族的两种不同方法——遗传编程和粒子群优化。最后，简要介绍一些其他相关的计算范例。

本章主要涉及以下主题：

- 进化计算算法的家族；
- 理解遗传编程的概念以及它们与遗传算法的区别；
- 利用遗传编程解决偶校验问题；
- 利用粒子群算法优化Himmelblau函数；
- 理解其他一些进化和生物启发算法背后的原理。

12.1 技术要求

本章将在Python 3中使用以下支持库：deap、numpy、networkx。

12.2 进化计算和生物启发计算

前面章节已经介绍了利用遗传算法解决问题的技术，并将其应用于许多类型的问题，包括组合优化、约束满足、连续函数优化、机器学习和人工智能。然而，正如第1章所述，遗传算法只是进化计算算法家族中的一个分支，这个算法家族由各种相关的问题求解方法和优化方法组成，它们都是从查尔斯·达尔文的自然进化理论中获得的灵感。

这些方法间主要的共有特征如下：

(1) 起点是候选解的初始集合(种群)。

(2) 候选解(个体)被迭代更新以创建新代种群。

(3) 新一代的产生包括去除效果不佳的个体(选择)；对某些个体引入小的随机变化(突变)；以及与其他个体交互(交叉)等其他操作。

(4) 随着迭代进行，种群的适应度增加；换句话说，候选解能够更好地解决问题。

更广泛地说，进化计算是基于各种生物系统或行为的技术，它们中的某些方法与被称为生物启发计算的算法家族重叠。

后续将介绍一些最常用的进化计算和生物启发计算的成员，详细介绍其中的一些算法。下面从一个迷人的进化计算方法——基因规划的详细描述开始。

12.3 遗传编程

遗传编程(Generic Programming，**GP**)是遗传算法的一种特殊分支。在这个特殊分支中，候选解(个体)是一个实际运行的计算机程序，为了找到最适合自己目标不断的进化，遗传编程因这一过程而得名。换句话说，当应用 GP 时需要进化计算机程序，目的是找到一个能擅长执行特定任务的程序。

遗传算法需要候选解的一种表示通常称为染色体。这种表示是遗传算子的操作对象，即选择、交叉和突变。将这些算子应用到当前一代中会产生新一代的解，这些解有望产生比前一代更好的结果。到目前为止，在我们研究过的大多数问题中，这种表示是由特定类型的值组成的列表(或数组)，例如整数、布尔值或浮点数。为了表示一个程序，通常使用树结构，如图 12-1 所示。

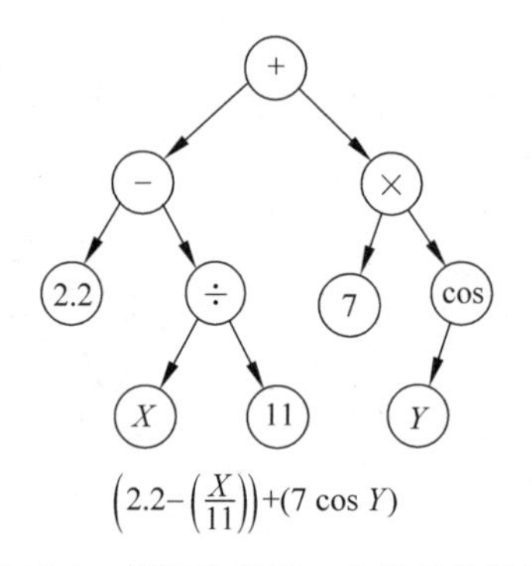

图 12-1 树结构表示一个简单的程序(来源：https://commons.wikimedia.org/wiki/File:Genetic_Program_Tree.png，图片由 Baxelrod 发布到公共领域)

图 12-1 中描述的树结构表示最下面算式所显示的计算。这个计算相当于一个短程序(或一个函数)，它接受两个参数 X 和 Y，并根据它们的值返回特定的输出。为了创建和进化这样的树结构，需要定义两种不同的集合：

(1) 终端节点，或树的叶子节点。这些是可以在树中使用的参数和常量值。图 12-1 的示例中，X 和 Y 是参数，2.2、11 和 7 是常量。在创建树时，还可以在一定范围内随机生成常量。

(2) 原语(作为一个基本单位出现的程序指令)或树的内部节点。这些函数(或算子)接收一个或多个参数并生成单个输出值。在如图 12-1 所示的示例中，+、−、× 和 ÷ 是接收两个参数的原语，而 cos 是接收单个参数的原语。

第 2 章演示了遗传算子的单点交叉如何在二进制列表上操作。交叉操作通过切断双亲的一部分并在双亲之间交换分离的部分，基于双亲创建了两个后代。类似地，树表示的交叉算子可以从每个父树中分离一个子树(一个分支或一组分支)，并在父树之间交换分离的分支来创建子树，如图 12-2 所示。

图 12-2 中，第一行具备子树的两个父树进行了交换，在第二行创建了两个后代，被交换的子树在图中用矩形框进行了标记。同样，变异算子可以通过在候选解中选择一个子树，并

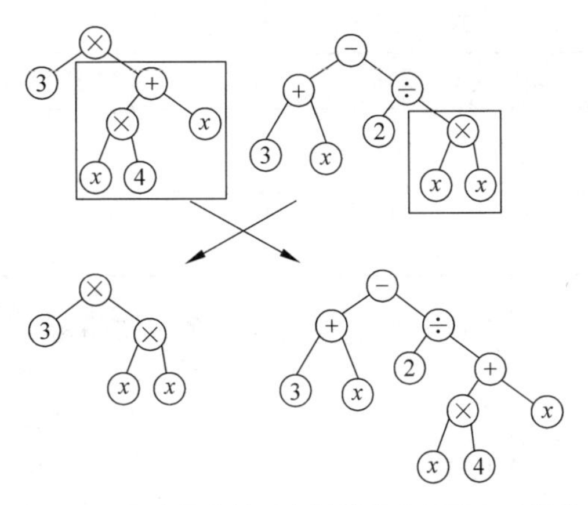

图 12-2　表示程序的两个树结构之间的交叉操作

(来源：https://commons.wikimedia.org/wiki/File GP_crossover.png,图片由 U-ichi 根据知识共享 CC BY-SA 1.0 授权：https://creativecommons.org/licenses/sa/1.0/)

用随机生成的一个子树替换它来实现，该算子旨在对单个个体引入随机变化。

本书一直使用 deap 库为遗传编码提供了内在的支持，12.3.1 节将使用这个库实现一个简单的遗传编码示例。

12.3.1　遗传编码示例——偶校验

这里将使用遗传编码来创建一个程序来实现偶校验。在此任务中，输入的可能值为 0 或 1。如果输入值为 1 的个数是奇数，则输出值应为 1，故偶校验值为 1；否则，输出值应为 0。表 12-1 列出了 3 个输入的情况下输入值的各种可能组合，以及偶校验输出值。这种表通常被称为**人工真值表**。从真值表中可以明显看出，偶校验经常用作基准的一个原因是输入值的任何单一变化都会导致输出值的变化。

表 12-1　3 个输入情况下的偶校验

in_0	in_1	in_2	偶　校　验
0	0	0	0
0	0	1	1
0	1	0	1
0	1	1	0
1	0	0	1
1	0	1	0
1	1	0	0
1	1	1	1

偶校验也可以用逻辑门表示，如 AND、OR、NOT 和 **XOR**（与非门）。NOT 门接受单个输入并将其反转，同时其他 3 种门都接受两个输入。若要各自的输出为 1，AND 门要求两个输入都为 1，OR 门要求至少有一个输入为 1，XOR 门要求只有一个输入为 1，如表 12-2 所示。

表 12-2 偶校验的逻辑门表示

in_0	in_1	AND	OR	XOR
0	0	0	0	0
0	1	0	1	1
1	0	0	1	1
1	1	1	1	0

使用逻辑门来实现三输入奇偶校验的方法有很多，最简单的一种是使用两个 XOR 门，如图 12-3 所示。

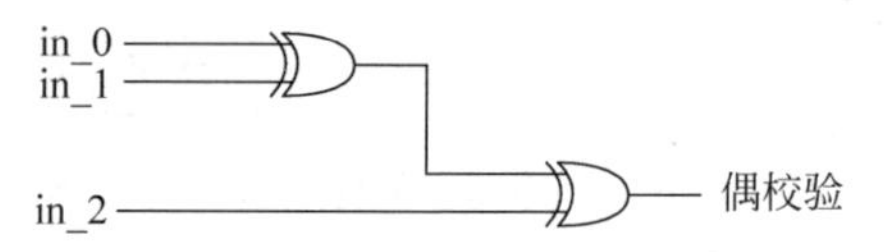

图 12-3 使用两个 XOR 门实现三输入偶校验

12.3.2 节将使用遗传编码创建一个小程序，该程序使用 AND、OR、NOT 和 XOR 的逻辑操作来实现偶校验。

12.3.2 遗传编程实现

为了开发偶校验逻辑的程序，创建了一个基于遗传编程的 Python 程序，名为 01-gp-even-parity.py，可在提供的示例代码中查看。

遗传编程是遗传算法的一种特殊情况，与前面几章中介绍的程序比较类似。以下是本程序的主要部分。

(1) 设置与问题相关的常量值。NUM_INPUTS 为偶校验器的输入数量，为了简单起见，将该值设置为 3，也可以设置为较大的值。NUM_COMBINATIONS 常量表示输入值可能组合的数量，类似于前面看到的真值表中的行数：

```
NUM_INPUTS = 3
NUM_COMBINATIONS = 2 ** NUM_INPUTS
```

(2) 设置遗传算法的常量值：

```
POPULATION_SIZE = 60
P_CROSSOVER = 0.9
P_MUTATION = 0.5
MAX_GENERATIONS = 20
HALL_OF_FAME_SIZE = 10
```

(3) 遗传编程需要几个额外的常量来表示候选解的树，这些常量的定义在下面的代码中，这些常量将在检查程序的其余部分中使用：

```
MIN_TREE_HEIGHT = 3
```

```
MAX_TREE_HEIGHT = 5
MUT_MIN_TREE_HEIGHT = 0
MUT_MAX_TREE_HEIGHT = 2
LIMIT_TREE_HEIGHT = 17
```

(4) 计算偶校验的真值表,以便在需要检查给定候选解的准确性时可以将其用作参考。parityIn 列表表示真值表的输入列,parityOut 元组向量表示输出列。Python 的 itertools.product()函数很好地替代了嵌套的 for 循环,否则需要遍历输入值的所有组合:

```
parityIn = list(itertools.product([0, 1], repeat = NUM_INPUTS))
parityOut = []
for row in parityIn:parityOut.append(sum(row) % 2)
```

(5) 创建原语集,也就是将在进化程序中使用的算子,使用以下 3 个参数创建一个集合:使用来自集合的原语生成的程序的名称(在这里将其称为 main);输入程序的数量;命名输入时使用的前缀(可选)。这 3 个参数用于创建以下原语集:

```
primitiveSet = gp.PrimitiveSet("main", NUM_INPUTS, "in_")
```

(6) 使用类似于程序积木块的各种函数(或算子)填充原语集。为每个算子添加相对应的函数引用以及相应的参数数量。在本例使用现成的 operator 模块,它包含大量有用的函数,包括需要的逻辑算子:

```
primitiveSet.addPrimitive(operator.and_, 2)
primitiveSet.addPrimitive(operator.or_, 2)
primitiveSet.addPrimitive(operator.xor, 2)
primitiveSet.addPrimitive(operator.not_, 1)
```

(7) 设置要使用的终端节点值。这些常量可以用作树的输入值。此例中使用值 0 和 1:

```
primitiveSet.addTerminal(1)
primitiveSet.addTerminal(0)
```

(8) 创建一个实现偶校验真值表的程序,将尝试最小化程序输出和已知输出值之间的差异。为此,将定义一个单一的目标,最小化适应度函数:

```
creator.create("FitnessMin", base.Fitness, weights = ( - 1.0,))
```

(9) 基于 deap 库提供的 PrimitiveTree 类创建 Individual 类:

```
creator.create("Individual",
gp.PrimitiveTree,fitness = creator.FitnessMin)
```

(10) 创建一个辅助函数来构造种群中的个体,它将使用前面定义的原语集生成随机树。这里,使用 deap 库提供的 genFull()函数,并为其提供原语集,以及定义生成树的最小和最大高度的值:

```
toolbox.register("expr", gp.genFull, pset = primitiveSet,
```

```
                    min_ = MIN_TREE_HEIGHT, max_ = MAX_TREE_HEIGHT)
```

(11) 定义两个算子,其中第一个算子使用前面的辅助函数创建单个实例,第二个算子生成包含这些个体的列表:

```
toolbox.register("individualCreator", tools.initIterate,creator.Individual, toolbox.expr)
toolbox.register("populationCreator", tools.initRepeat, list,toolbox.individualCreator)
```

(12) 创建一个算子,该算子使用 deap 库提供的 compile()函数将原语树编译为 Python 代码。因此,在 parityError()函数中使用编译算子,该函数可以计算真值表中与预期值不同的行数:

```
toolbox.register("compile", gp.compile, pset = primitiveSet)

def parityError(individual):
    func = toolbox.compile(expr = individual)
    return sum(func( * pIn) != pOut for pIn, pOut in
zip(parityIn, parityOut))
```

(13) 指示遗传编程算法使用 getCost()函数进行适应度评估。这个函数以元组的方式返回前面所说的偶校验错误,以便用于基本进化算法:

```
def getCost(individual):
    return parityError(individual),

toolbox.register("evaluate", getCost)
```

(14) 选择遗传算子。对于遗传编程,这个算子通常是一直使用的锦标赛选择,这里将规模设置为 2:

```
toolbox.register("select", tools.selTournament, tournsize = 2)
```

(15) 交叉算子使用 deap 库提供的遗传编程 cxOnePoint()函数。由于进化的程序是用树来表示的,所以该算子选取两个父树,交换其中的部分来创建两个有效的子树:

```
toolbox.register("mate", gp.cxOnePoint)
```

(16) 对于变异算子,它会对现有的树进行随机更改。变异被定义为两个阶段。首先,指定一个辅助算子,它利用 deap 库提供的遗传编程 genGrow()函数。此算子在两个常量定义的范围内创建子树。然后,定义变异算子本身(mutate)。该算子利用了 deap 库的 mutUniform()函数,它将给定树中的一个子树随机替换为使用 helper 算子生成的随机子树:

```
toolbox.register("expr_mut",
gp.genGrow,min_ = MUT_MIN_TREE_HEIGHT,
max_ = MUT_MAX_TREE_HEIGHT)
toolbox.register("mutate",
```

```
gp.mutUniform,expr = toolbox.expr_mut, pset = primitiveSet)
```

（17）为了防止种群中的个体长成过大的树（可能包含过多数量的原语），需要引入膨胀控制措施。这是通过 deap 库的 staticLimit()函数完成的，该函数对交叉和变异操作的结果施加树的高度限制：

```
toolbox.decorate("mate",gp.staticLimit(key = operator.attrgett
er("height"),max_value = LIMIT_TREE_HEIGHT))
toolbox.decorate("mutate",gp.staticLimit(key = operator.attrge
tter("height"),max_value = LIMIT_TREE_HEIGHT))
```

（18）程序的主循环与前面章节中看到的非常相似。在创建初始种群、定义统计度量并创建名人堂对象之后，调用进化算法，就像之前做过的很多次一样，采用精英保留策略，名人堂（HOF）成员（当前最优秀的个体）直接传递给下一代：

```
population, logbook = elitism.eaSimpleWithElitism(population,
                      toolbox, cxpb = P_CROSSOVER,
                      mutpb = P_MUTATION, ngen = MAX_GENERATIONS,
                      stats = stats, halloffame = hof,
                      verbose = True)
```

（19）在运行结束时，输出最优解以及用来表示它的树的高度和长度，即树中包含的算子总数：

```
best = hof.items[0]
print(" -- Best Individual = ", best)
print(" -- length = {}, height = {}".format(len(best), best.height))
print(" -- Best Fitness = ", best.fitness.values[0])
```

（20）绘制表示最优解树的图示。这里利用了图和网络库 **networkx**（**nx**）。首先调用 deap 库提供的 graph()函数，该函数将单个树分解为图所需的节点、边和标签，然后使用适当的 networkx 函数创建图：

```
nodes, edges, labels = gp.graph(best)
g = nx.Graph()
g.add_nodes_from(nodes)
g.add_edges_from(edges)
pos = nx.spring_layout(g)
```

（21）绘制节点、边和标签。由于该图的布局不是典型的层次树，通过将其着色为红色并放大来区分顶部节点：

```
nx.draw_networkx_nodes(g, pos, node_color = 'cyan')
nx.draw_networkx_nodes(g, pos, nodelist = [0],
node_color = 'red',node_size = 400)

nx.draw_networkx_edges(g, pos)
```

```
nx.draw_networkx_labels(g, pos, **{"labels":
labels,"font_size": 8})
```

通过运行该程序，得到如下输出：

```
gen nevals min avg
0 60 2 3.91667
1 50 1 3.75
2 47 1 3.45
...
5 47 0 3.15
...
20 48 0 1.68333

-- Best Individual = xor(and_(not_(and_(in_1, in_2)), not_(and_(1, in_2))),xor(or_(xor(in
_1, in_0), and_(0, 0)), 1))
-- length = 19, height = 4
-- Best Fitness = 0.0
```

这是一个简单的问题，适应度迅速达到极小值 0，这意味着能够找到一个解，正确地再现偶校验真值表。但是，结果表达式由 19 个元素构成了 4 个层次组成，似乎过于复杂。程序生成图像如图 12-4 所示。

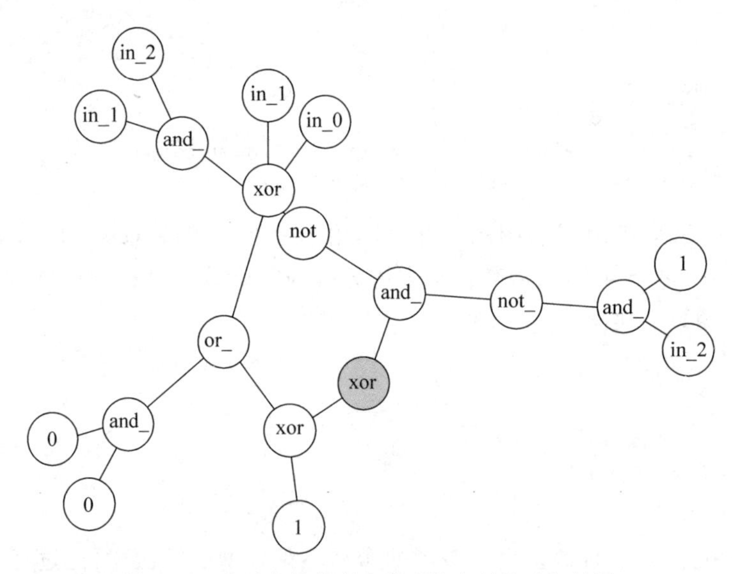

图 12-4　表示由初始程序发现的奇偶校验解的图

图 14-2 中的深灰色节点表示程序树的顶部，它映射到表达式中的第一个 XOR 操作。生成的树相对复杂的原因是使用更简单的表达式没有什么好处，只要它们处于树高度限制之内，计算的表达式就不会因复杂性而受到惩罚。12.3.3 节将尝试通过对程序进行一个小修改来改变这种情况，以期用一个更简洁的解来达到同样的结果——实现偶校验。

12.3.3 简化的解

在刚刚实现的算法中，我们设置了一些措施来限制表示候选解的树的大小，但找到的最优解似乎过于复杂。因此，可以对复杂度施加一些惩罚，迫使算法产生更简单的结果，但惩罚应该足够小，以避免程序倾向于不能解决问题的更简单的解。该方法应该成为两个好的解之间的纽带，将更简单的解作为首选。该方法见 Python 程序 02-gp-even-parity-reduced.py，可在提供的示例代码中查看。

这个程序基本与 12.3.2 节的程序几乎相同，除了以下部分的变化。

(1) 引入了惩罚函数，算法寻求该函数的最小化。在原来的计算误差的基础上，增加了一个小的惩罚措施，而惩罚大小取决于树的高度：

```
def getCost(individual):
    return parityError(individual) + individual.height / 100,
```

(2) 在运行结束时，在输出找到的最优解之后添加获得的实际偶校验错误的输出，而不考虑适应度中存在的惩罚：

```
print(" -- Best Parity Error = ", parityError(best))
```

通过运行这个修改版本，得到如下输出：

```
gen nevals min avg
0 60 2.03 3.9565
1 50 2.03 3.7885
...
5 47 0.04 3.45233
...
10 48 0.03 3.0145
...
15 49 0.02 2.57983
...
20 45 0.02 2.88533
-- Best Individual = xor(xor(in_0, in_1), in_2)
-- length = 5, height = 2
-- Best Fitness = 0.02
-- Best Parity Error = 0
```

从前面的输出可以看出，经过 5 代后，由于该点适应度值接近 0，算法能够找到正确再现偶校验真值表的解。然而，随着算法的持续运行，树的高度从 4(惩罚 0.04)降低到 2(惩罚 0.02)。作为结果，最优解非常简单，只包含 5 个元素——3 个输入和 2 个 XOR 算子。事实上，找到的解就是前面讲述的已知的最简单的解，它由两个异或门组成。这可以通过程序生成的仿真结果来说明，如图 12-5 所示。

12.4 节将介绍另一种基于种群的生物启发算法。该算法放弃使用选择、交叉和变异类

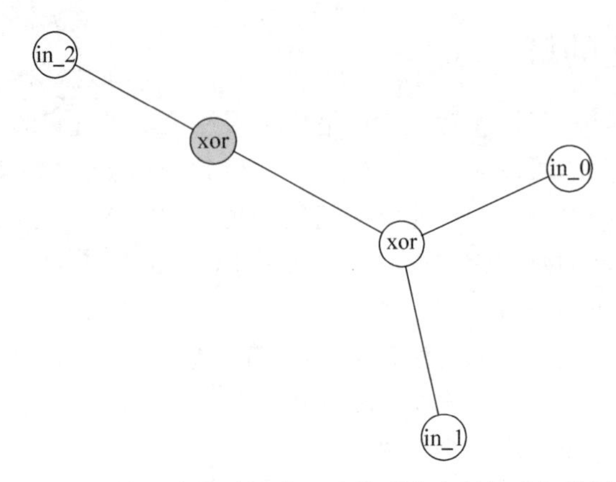

图 12-5　表示由修改后的程序找到的奇偶校验解的图

似的遗传算子，而使用一套不同的规则来完成种群的迭代。

12.4　粒子群优化算法

粒子群优化算法(Particle Swarm Optimization，PSO)的灵感来自于个体生物的自然群体，如鸟群或鱼群，通常被称为集群。在无监督的情况下，生物集群相互作用，朝着一个共同的目标一起努力。启发于这种行为产生了一种计算方法，可以通过使用一组候选解来解决或优化给定的问题，候选解由类似于集群中的生物粒子表示。粒子在搜索空间中移动，寻找最优解，它们的运动由简单的规则控制，包括它们的位置和速度(带方向的速率)。

粒子群优化算法是迭代的，在每次迭代中，每个粒子的位置都会得到评估，并根据需要更新到当前粒子的最佳位置，以及整个粒子种群内的最佳位置。然后根据以下信息更新每个粒子的速度：

(1) 粒子当前运动的速度和方向——表示惯性力。

(2) 粒子目前所找到的最佳位置(局部最佳)——表示认知力。

(3) 到目前为止，整个种群的最佳位置(全局最佳)——表示社会力。

然后根据新计算的速度更新粒子的位置。迭代过程持续进行，直到满足最大迭代次数等停止条件。此时，算法取种群当前的最佳位置作为解。

12.4.1 节将详细讨论这种简单但有效的过程，并给出一个利用 PSO 算法优化函数的程序。

12.4.1　PSO 实例——函数优化

为了演示，将使用粒子群算法来寻找 Himmelblau 函数的最小位置，该函数如图 6-5 所示。函数的数学表达式为：

$$f(x,y)=(x^2+y-11)^2+(x+y^2-7)^2$$

函数有 4 个全局极小值,皆为 0,它们位于下列坐标：$x=3.0$,$y=2.0$；$x=-2.805\,118$,$y=3.131\,312$；$x=-3.779\,310$,$y=-3.283\,186$；$x=3.584\,458$,$y=-1.848\,126$。

在此示例中,将尝试找到这些最小值的任意一个。

12.4.2　粒子群优化实现

为了使用粒子群优化算法求解 Himmelblau 函数的极小值,创建 Python 程序 03-pso-himmelblau.py,可在提供的示例代码中查看。

以下是本程序的主要步骤。

(1) 设置在整个程序中使用的各种常量值。首先是问题的维数(此例子中是二维),这反过来决定了每个粒子的位置和速度的维数。接下来是种群大小(种群中粒子的总数)和运行算法的代数(迭代次数)：

```
DIMENSIONS = 2
POPULATION_SIZE = 20
MAX_GENERATIONS = 500
```

(2) 几个影响粒子创建和更新方式的附加常量。在接下来的程序中,将看到它们是如何发挥作用的：

```
MIN_START_POSITION, MAX_START_POSITION = -5, 5
MIN_SPEED, MAX_SPEED = -3, 3
MAX_LOCAL_UPDATE_FACTOR = MAX_GLOBAL_UPDATE_FACTOR = 2.0
```

(3) 当前是在 Himmelblau 的函数中找到一个极小值,需要定义一个单一的目标,最小化适应度策略：

```
creator.create("FitnessMin", base.Fitness, weights=(-1.0,))
```

(4) 创建 Particle 类。因为这个类表示连续空间中的一个位置,所以可以将它建立在一个普通的浮点型数值列表上。然而,这里使用 numpy 库的 n 维数组(ndarray),因为它便于进行元素方面的代数运算,例如更新粒子位置时需要的加法和乘法。除了当前位置,粒子类还被赋予了几个额外的属性：fitness(适应度)使用之前定义的最小化适应度；speed(速度)保持粒子在每个维度上的当前速度,虽然初始值为 None,但是稍后将使用另一个数组 ndarray 填充速度；best(最佳)代表目前为止记录到的这个粒子的最佳位置(局部最佳)。最终创建 Particle 类的定义如下：

```
creator.create("Particle", np.ndarray,
fitness=creator.FitnessMin, speed=None, best=None)
```

(5) 定义一个辅助函数来创建和初始化种群中的一个随机粒子。这里使用 numpy 库的 random.uniform()函数在给定的边界内随机生成新粒子的位置和速度数组：

```
def createParticle():
```

```
    particle = creator.Particle(np.random.uniform(
                        MIN_START_POSITION,
                        MAX_START_POSITION,
                        DIMENSIONS))
particle.speed = np.random.uniform(MIN_SPEED, MAX_SPEED,
                        DIMENSIONS)
return particle
```

(6) 此函数被用于创建粒子实例的算子定义中，也被用于创建种群的算子中：

```
toolbox.register("particleCreator", createParticle)
toolbox.register("populationCreator", tools.initRepeat, list,
toolbox.particleCreator)
```

(7) 算法的核心方法——updateParticle()方法。该方法负责更新种群中每个粒子的位置和速度。其参数是种群中的单个粒子和当前记录的最佳位置。该方法首先在预设范围内创建两个随机种子：一个用于本地更新；另一个用于全局更新。然后，它计算两个相应的速度更新(局部和全局)，并将它们添加到当前粒子速度中。

注意，这里涉及的所有的值都是 ndarray 类型的二维值，计算是按元素每个维度执行的。

更新后的粒子速度实际上是粒子的原始速度(惯性力)、粒子的已知最佳位置(认知力)和整个群体的已知最佳位置(社会力)的组合：

```
def updateParticle(particle, best):
    localUpdateFactor = np.random.uniform(0,
                    MAX_LOCAL_UPDATE_FACTOR,
                    particle.size)
globalUpdateFactor = np.random.uniform(0,
                    MAX_GLOBAL_UPDATE_FACTOR,
                    particle.size)

localSpeedUpdate = localUpdateFactor * (particle.best - particle)
globalSpeedUpdate = globalUpdateFactor * (best - particle)

particle.speed = particle.speed + (localSpeedUpdate +
            lobalSpeedUpdate)
```

(8) updateParticle()方法继续确保新的速度不超过预设的限制，并使用更新的速度更新粒子的位置。正如前面提到的，位置和速度都是 ndarray 类型，每个维度都有单独的分量：

```
particle.speed = np.clip(particle.speed, MIN_SPEED,
MAX_SPEED)
    particle[:] = particle + particle.speed
```

(9) 将 updateParticle()方法注册为一个 toolbox 算子，该算子稍后将出现在主循环中：

```
toolbox.register("update", updateParticle)
```

(10) 定义要优化的函数——Himmelblau 函数，并将其注册为适应度评估算子：

```
def himmelblau(particle):
    x = particle[0]
    y = particle[1]
    f = (x ** 2 + y - 11) ** 2 + (x + y ** 2 - 7) ** 2
return f, # return a tuple

toolbox.register("evaluate", himmelblau)
```

(11) main()方法可以通过创建粒子的种群来开始：

```
population = toolbox.populationCreator(n =
                                   POPULATION_SIZE)
```

(12) 在开始算法的主循环之前，需要创建 stats 对象来计算种群的统计数据，以及 logbook 对象来记录每次迭代的统计数据：

```
stats = tools.Statistics(lambda ind: ind.fitness.values)
stats.register("min", np.min)
stats.register("avg", np.mean)

logbook = tools.Logbook()
logbook.header = ["gen", "evals"] + stats.fields
```

(13) 程序的主循环包含一个遍历生成/更新周期的外部循环。在每次循环中，有两个内部循环，每个循环都遍历种群中的所有粒子。第一个内部循环如下面的代码所示，根据要优化的函数对每个粒子进行评估，必要时更新局部最优和全局最优：

```
particle.fitness.values = toolbox.evaluate(particle)

# local best:
if particle.best is None or particle.best.size == 0 or
particle.best.fitness < particle.fitness:
    particle.best = creator.Particle(particle)
particle.best.fitness.values = particle.fitness.values

# global best:
if best is None or best.size == 0 or best.fitness <
particle.fitness:
    best = creator.Particle(particle)
    best.fitness.values = particle.fitness.values
```

(14) 第二个内部循环调用 update 算子。正如之前看到的，这个算子会结合惯性力、认知力和社会力来更新粒子的速度和位置：

```
toolbox.update(particle, best)
```

(15) 在外部循环结束时,记录当前生成的统计数据并输出:

```
logbook.record(gen = generation, evals = len(population),
 ** stats.compile(population))
print(logbook.stream)
```

(16) 外部循环结束时,输出在运行期间记录的最佳位置的信息,即当前问题的所求解:

```
# print info for best solution found:
print(" -- Best Particle = ", best)
print(" -- Best Fitness = ", best.fitness.values[0])
```

通过运行该程序,得到如下输出:

```
gen evals min avg
0 20 8.74399 167.468
1 20 19.0871 357.577
2 20 32.4961 219.132
...
497 20 7.2162 412.189
498 20 6.87945 273.712
499 20 16.1034 272.385
-- Best Particle = [-3.77695478 -3.28649153]
-- Best Fitness = 0.0010248367255068806
```

结果表明,该算法能够找到一个极小值,在 $x=-3.77$ 和 $y=-3.28$。查看记录数据,可以看到最好的成绩是在第480代取得的。同样明显的是,算法运行过程中,粒子在靠近和远离最佳结果之间的相当大范围内振动。

要找到其他极小值位置,可以使用不同的随机种子重新运行算法。也可以惩罚之前找到的极小值附近的解。另一种方法是可以同时使用多个种群,在一次运行中同时定位几个极小值——建议自己尝试一下(更多信息请参阅后面的拓展阅读)。

12.5 其他相关方法

除了上面所介绍的方法之外,还有许多其他的问题解决方法和优化算法,它们的灵感来自于达尔文的进化论,以及各种生物系统和行为。下面将简要介绍其中的一些方法。

12.5.1 进化策略

进化策略(Evolution Strategies,ES)是一种强调以变异而非交叉作为进化推动者的遗传算法。这种变异是适应性的,它的变异强度是世代学习的。进化策略中的选择算子总是基于排序而不是使用实际的适应度值。

这种方法的一个简单版本叫作(1+1),它只包括两个个体——一个父代和它变异的后代。它们中最好的继续成为下一个变异后代的父代。在更一般的情况下，称为$(1+\lambda)$，有一个父代和λ个基因变异的后代，而最好的后代仍然是λ个后代的父代。该算法的一些较新的变体包括多个父代以及交叉算子。

12.5.2　差分进化算法

差分进化算法(Differential Evolution,DE)是遗传算法的一种特殊分支，用于实数函数的优化。差分进化算法与遗传算法有以下几个不同之处：

(1) 差分进化算法的种群总是用实值向量的集合来表示。

(2) 差分进化算法不使用新的一代整个替换当前一代，而是在种群中不断迭代，每次只修改一个个体，或者如果它比修改后的版本更好，则保留原来的个体。

(3) 传统的交叉和变异算子被专业化算子所取代，从而使用随机选择的其他3个个体的值来修改当前个体的值。

12.5.3　蚁群算法

蚁群算法(Ant Colony Optimization,ACO)的灵感来自于特定种类的蚂蚁搜寻食物的方式。这些蚂蚁在开始时随机地四处游荡，当它们中的任何一只找到了食物，它们就会回到自己的蚁群，同时在路上放置信息素，为其他蚂蚁标出路线。在同一地点寻找食物的其他蚂蚁会通过释放自己的信息素来巩固路线。随着时间的推移，信息素标记会逐渐消失，这使得较短的路径和较常走过的路径具有优势。

蚁群算法使用人工蚂蚁在搜索空间中移动，寻找最优解的位置。蚂蚁们记录着自己的位置和一路上找到的候选解。这些信息被蚂蚁在随后的迭代中使用，以便它们能找到更好的解。这些算法通常与局部搜索方法相结合，在定位到感兴趣的区域后激活局部搜索。

12.5.4　人工免疫系统

人工免疫系统(Artificial Immune Systems,AIS)的灵感来自于在哺乳动物的适应性免疫系统的特性。该系统能够识别和学习新的威胁，并应用所获得的知识，在下次检测到类似的威胁时作出更快的反应。

最新的人工免疫系统(AIS)可以用于各种机器学习和优化任务，一般属于以下3个子领域之一。

(1) **克隆选择算法**：模仿免疫系统选择最佳细胞来识别和消除进入体内的抗原的过程。该细胞从一群具有不同特异性的已经存在的细胞中选择出来，一旦选择，它就会被克隆，产生一群细胞来消灭入侵的抗原。这个范例通常应用于优化和模式识别任务。

(2) **反向选择算法**：这是一个识别并删除可能攻击自身组织的细胞的过程。这些算法通常用于异常检测任务，正常模式被用于“负”训练过滤器，然后能够检测异常模式。

(3) **免疫网络算法**：这一理论的灵感来源于这样一种理论，即免疫系统是通过与其他抗体结合的特殊类型的抗体来调节的。在这类算法中，抗体代表网络中的节点，而学习过程涉及节点之间的边的创建或删除，从而导致网络图结构的进化。这些算法通常用于无监督机器学习任务，以及控制和优化领域。

12.5.5 人工生命

人工生命(Artificial Life，ALife)不是进化计算的一个分支，而是一个更广泛的领域，它涉及以不同方式模拟自然生命的系统和过程，比如计算机模拟和机器人系统。

进化计算实际上可以看作人工生命的一种应用，种群寻求某一适应度函数的优化是生物体寻找食物的一种类比。例如，第2章描述的小生境和共享机制，就是直接从寻找食物的类比中得出。

人工生命主要包括3个分支。

(1) 软件：表示基于软件(数字)的仿真。

(2) 硬件：表示基于硬件(物理)的机器人。

(3) 生物：表示基于生物化学的操作或合成生物学。

人工生命也可以被看作人工智能自下而上的等价物，因为它通常建立在生物环境、机制和结构上，而不是建立在高级认知之上。

小结

本章首先介绍了进化计算的扩展家族及其成员的一些共同特征。然后，使用遗传编程——遗传算法的一种特殊分支——来实现偶校验任务。之后，创建程序，利用粒子群优化算法优化 Himmelblau 函数。最后，简要概述了其他几个相关的解决问题的方法。

现在这本书已经结束了，我要感谢与读者一起走过这段旅程，并一路了解了遗传算法和进化计算的各个方面。希望本书可以发人深省。正如本书所展示的，遗传算法和它们的相关算法可以应用到几乎任何计算和工程领域的大量任务。而且遗传算法处理一个问题所需要的只是表示一个解和评估一个解(或比较两个解)。这是一个人工智能和云计算的时代，读者会发现遗传算法很适合这两种情况，并且可以成为面对新挑战时的一个强大工具。

拓展阅读

[1] 遗传编程：生物启发机器学习[EB/OL]. http://geneticprogramming. com/tutorial/.

[2] Klaas J. Machine Learning for Finance[M]. USA; PAckt. 2018.

[3] Kumar M，Deshpande A. Artificial Intelligence for Big Data[M]. USA; PAckt. 2018.

[4] Multimodaloptimization using particle swarm optimization algorithms[C]//CEC 2015 competition on single objective multi-niche optimizatio, 2015.